一个女人这样活着
大概才是真正令人羡慕的生活状态
Wabi Sabi

# 活成令人羡慕的样子

[英] 贝丝·坎普顿 _著
( Beth Kempton )
孙天 _译

中信出版集团 | 北京

图书在版编目（CIP）数据

活成令人羡慕的样子 /（英）贝丝 · 坎普顿著；孙天译 . -- 北京：中信出版社，2020.1

书名原文：Wabi Sabi: Japanese Wisdom for a Perfectly Imperfect Life

ISBN 978-7-5217-0954-4

Ⅰ. ①活… Ⅱ. ①贝… ②孙… Ⅲ. ①人生哲学—通俗读物 Ⅳ. ① B821-49

中国版本图书馆 CIP 数据核字（2019）第 182897 号



活成令人羡慕的样子

著　　者：［英］贝丝 · 坎普顿
译　　者：孙天
出版发行：中信出版集团股份有限公司
（北京市朝阳区惠新东街甲 4 号富盛大厦 2 座　邮编　100029）
承 印 者：北京通州皇家印刷厂

开　　本：880mm×1230mm　1/32　　印　　张：9　　字　　数：176 千字
版　　次：2020 年 1 月第 1 版　　印　　次：2020 年 1 月第 1 次印刷
京权图字：01-2019-5017　　广告经营许可证：京朝工商广字第 8087 号
书　　号：ISBN 978-7-5217-0954-4
定　　价：49.00 元


服务热线：400-600-8099
投稿邮箱：author@citicpub.com

# 目录

# 序

21 岁那年，我离开了日本，去外面的花花世界闯荡人生。作为一名职业球员，我在意甲联赛和英超联赛闯荡了 8 年，这也是我运动生涯中最重要的一段时光。抛开职业不谈，作为一个生命个体，海外生活的经历让我明白，离开自己的舒适区确实可以打开一个人的眼界和思路。

在那些年里，我很努力地学习语言，先是意大利语，后来是英语。随着学习越来越深入，我逐渐体会到，语言是通往另一种文化的窗口，语言也可以助你收获一辈子的友谊。

2006 年世界杯后，我正式退役。在后来的几年中，我走遍了世界各个角落，见识了来自各个领域的人。不管我到哪里，人们总会告诉我他们对日本感兴趣。他们向我提出各式各样的问题，对于很多问题，我都没有办法回答。那时，我意识到，尽管自己是个日本人，但其实我并没能真正体会到自己国家文化的深度和丰富之处。我渴望理解是什么让世界各地的人如此着迷，因此我决定回到日本，亲自寻找答案。

那时，我问自己，什么是文化——饮食文化、时尚文化、日本文化等。我想更好地理解这个问题。当人们提到“文化”这个词时，他们所指的是一定数量的人在一段时间内所遵循的一种特定的生活方式，换句话说，这是一种我们通过自己的生活方式创造出来的东西。因此，我决定拜访不同的人，而不是不同的地方。

于是，我用接下来的 7 年时间探寻了日本的每个角落，走遍了全部 47 个县，每到一处都探访当地的工匠、农民、清酒酿造师、寺院僧人、神道教士和其他普通人，并与他们相处一段时间。尽管我的目标最初是学习日本文化，但最终我发现自己所学习的其实是生命。

每次日出之前，我与农民一起收割水稻时，每次感受大雨将至时空气的味道时，每次看着工匠们把自己手中的材料慢慢变成艺术品时，我都能体会到什么是与地球和谐共存。刚刚从果园里摘下的汁水丰富的果实、刚刚捕获的鱼，以及精心酿造的清酒，每咬一口、每啜一下，我都更深刻地体会到了应该如何真正去品味。

随着时间推移，我发现自己已经融入了乡村生活的韵律，也就是日本的季节与自然的韵律中。生活在城市里的我们可以接触很多好东西，但同时，我们也远离了自然，我们的能量会被人造环境逐渐消耗殆尽。只有来到乡村生活，月复一月，我才意识到这种感觉有多美好，这使我更加活力充沛、头脑清晰、幸福快乐。

当我们把自己与自然隔离开时，它就变成了我们平衡与控制的东西，但这种状态随时都有可能崩溃。我相信只有在生活中与自然建立联系，尊敬自然，跟随自然有韵律地生活，我们才会觉得自己处于最佳状态，才能享受每一天、每一刻。

侘寂（Wabi sabi）和这种与自然之间最根本的联系紧密交织在一起。侘寂倡导的是接受事物的无常，并用各种感官来体验生活。我希望这本书可以让你得到启发，去寻找你自己轻柔的韵律，并发现身边的幸福和美好。

我与贝丝相识超过 12 年，深知她学习日式生活的决心，我相信她就是你这段旅程的领路人。

中田英寿

# 前言

那是一个寒冷的12月的夜晚，在日本古时的都城京都，我骑着自行车，穿过茫茫黑夜，来到了青莲院（Shōren-in）。这是一座小寺庙，坐落于热门游览路线之外，依偎在东山（Higashiyama mountains）山脚下。今夜，寺庙里的花园被柔和的光照亮了，低矮的灯发出神秘朦胧的光线，穿透了剪影般的松树和只有靠想象才存在的竹林。

我脱下鞋，走进寺庙大殿。800多年来，无数拖曳的脚步和窸窣作响的长衫已经把大殿地板打磨得泛出了光泽。用来铺地板的木板很宽，都来自京都御所（Imperial Palace），因为年代久远而变得斑斑驳驳、色彩暗淡。我在环绕式走廊的后面找了一个位置坐下来，此时，我的脚趾已经冻得发麻，呼吸时可以看到面前升起了团团白雾。

空气中弥漫着香火的味道，闻起来像是紫色的，不过我也无法解释为什么会这么觉得。散布在花园里的一盏盏小灯忽明忽暗，仿佛上千颗星星同时在呼吸。仅仅在10分钟的路程之外，就是祇园

（Gion）的娱乐区了，那里熙熙攘攘、热闹非凡，有激动的游客，有醉酒的上班族，还有迷人的艺伎。但是在这里，只是沿着城市东边的一条狭窄小路顺坡而上，我就找到了宁静。

在我的头顶上，透过树林，可以看到一轮如绒布一般的明月挂在空中，银色的月光倾泻而下，铺满了池塘。池塘的水面上，几片落叶轻轻滑过，就像水下的锦鲤在浑浊的池水中轻轻游过。再过一个星期，树林里的很多树就会变得光秃秃的了。再过一个月，这里可能就会银装素裹。

我捡起一片飘落的枫叶，它已经变成了勃艮第红色，边缘也都卷了起来。这是一件艺术珍品，就像是我祖母的手背，满是褶皱、薄如纸片。我内心深处的一个角落豁然开朗。此刻，我已经拥有了自己所需的一切。我感到心满意足，但仍伴随着淡淡的忧伤，因为我知道这一刻转瞬即逝，再也不会回来。

这就是侘寂的世界。

## 侘寂：指导日本人看世界

侘寂是日本人美学感受和轻柔天性的根基。它是一种世界观，尽管人们并不会常常谈论它，但它还是指导着日本人去体味生活。侘寂的影响无处不在，却又无处可见。人们本能地知道侘寂代表的是怎样的概念，但几乎没有人能清晰地表述出来。侘寂是一个迷人的谜团，如果你愿意放慢脚步、敞开心扉去细细探寻，那么侘寂一定会在你耳边轻声诉说那些毋庸置疑的大智慧。

在过去20年间，我经常去日本，并在那里生活了将近7年。虽然我在地球的另一端出生、长大，但对日本人总有一种不可思议的亲切感。我让自己沉浸在日本文化中，与日本当地并不会说英语的家庭生活在一起，在日本企业和地方政府这样复杂的环境里工作。我花了10 000个小时以上的时间来学习，并在日本各地旅行。尽管如此，侘寂的核心概念、其真正定义于我来说仍然是难以捉摸的。我可以感受侘寂，但无法用语言来解释。

在我之前，已经有许多来自日本以外的人在探索侘寂的世界，其中大多数人都把焦点放在了有形的特点上，也就是探索那些与侘寂相关联的物品和环境都有怎样的特点。然而，在我看来，这些解释都还差得很远。很久以前，我就开始觉得，侘寂远比我们现在所认为的要深邃，它已经渗入了我们生活中的许多领域。直到开始了本书的研究，我才意识到侘寂这条河的水有多深。

## 过上优雅的生活

近些年来，社会生活节奏越来越快，我们所承受的压力剧增，也越来越为金钱、职位、相貌和无穷无尽的物质所累。当我们给自己压的担子越来越重，让自己像个杂耍艺人一样始终小心地保持平衡时，自己心中的不满足感也随之越积越深。我们超负荷工作，我们像拉满了弦的弓一样紧绷，我们已经不堪重负。

在过去十年里，我把最美好的一段时光用来帮助人们把生活中的各个事项按照优先级来重新排序，以便他们在生活中能专注于自己钟爱的事情。这段经历让我发现，我们中有太多人都因为纠缠于过多的承诺、无尽的比较、各种偏见，以及负面的自我对话，而把自己弄得一团糟。在白天，我们如梦游一般，感觉迟钝，大部分时间都把自己圈在一个个格子间里，把大部分精力都用来关注最新的明星八卦、各种广告信息和社交媒体动态，而不是去探索生命，寻找让自己生命更加丰富的可能性。

到现在，已经有那么一段时间了，我听到越来越多的声音在呼吁一场慢革命的到来，这其实表达了一种向往，向往一种更简单而有意义的生活。这样的生活围绕着对我们真正重要的事物而展开，这样的生活与大自然紧密相连，与美融为一体，闪耀着日常生活中平凡幸福的活力。当我接触的筋疲力尽、困惑忧愁的人越来越多时，我越发感到需要一种新的方式来应对挑战，需要一些触手可及的工具来帮助我们过上一种更加真实、更有创造力的生活。

这让我想起在日本体会到的那种隐藏于表面之下的优雅、沉静和感恩之心，这些都是我在其他任何地方不曾体会到的，这些也都暗暗指向那些在和服袖子里藏着的人生课程。我怀疑这与侘寂这个令人难以捉摸的概念有关，因此，我下决心要把那些隐藏着的真理挖掘出来。

## 定义“不可定义之概念”

正如我在前面已经提到过的，如果你试图给侘寂下一个明确的定义，那么你就会发现这其实有些困难。侘寂跟“爱”有些相似，我可以告诉你我觉得它是什么、有什么感受，但只有当你自己亲身体会到它时，你才能真正明白。我与很多日本人都聊过这个话题，我们的对话开端都是“侘寂？嗯……这很难解释清楚”，几乎无一例外。事实上，大多数人从没有试图对侘寂进行定义，也不认为有这个必要。侘寂伴随他们成长，是他们看待这个世界、体会其中之美的方法。侘寂已经成了他们的一部分。

然而，我并不是一个会因为遭遇挑战而半途而废的人，我选择迎难而上。好吧，事实上，我所做的就是等待、观察和聆听。我给了人们更多的空间，让他们去思索这个自己已经习以为常、但又从未定义过的概念，然后，我发现这变得越来越有趣了。有的人给了我一些隐喻，做出了一些手势，甚至对我摇摇头；有的人则把手放在胸口，陷入长久的沉默，然后一遍又一遍地提到茶、禅和自然。当我们结束对话时，我对面的人几乎都会说："我想读一读你的书。"

事实上，在日语里，侘寂并没有一个统一通用的定义。不管是谁，只要试图解释这个概念，都仅仅是表达其个人观点。

我本人既是日本学学者，又是人生教练，身份多少有些特殊，而这也成为我个人在定义侘寂时的出发点。为了把侘寂的精髓提炼出来，将其变成一系列易于接受的生活课，我与来自各行各业的人交流，熟读老旧图书馆里的各类图书，参观各种博物馆，在偏僻的寺院里冥想，我还曾手捧茶杯在大自然中消磨时光，或在有上百年历史的日本老建筑里漫步。

## 侘寂之奥秘

缓缓剥开侘寂这个神秘概念的层层外衣后，我终于明白：侘寂真正的美并不在于有形的事物，而在于生命本身。

> 侘寂是一种直觉回应，回应那些反映了生活本质的美。
>
> 侘寂是一种接受和感恩，接受和感恩万物短暂、不完美和不完整的本质。
>
> 侘寂是一种认可，认可简单、自然的慢生活的馈赠。

侘寂是一种内心的状态，是深深地吸一口气，再缓缓地吐出来。当你真正去体味时，你才会感受到侘寂，因为这一刻正是这个不完美世界里的完美一刻。如果我们愿意关注细节，愿意培养愉悦的心情，那么我们就在内心培育了侘寂；而当我们过上最真实、最有创造力的生活时，我们就可以体会到侘寂了。

侘寂倡导通过真正置身其中来体会这个世界，而不是像一个旁观者一样置身事外、评头论足，侘寂倡导让感受替代斤斤计较，侘寂倡导花点儿时间让自己专注。

侘寂背后的原则可以给我们带来许多人生启示，比如放弃对完美的执着，接受我们本来的样子。这些原则赋予我们一些工具，让我们可以逃离现代生活的混乱和物质压力，在物质生活不那么丰富的情况下也能感到满足。这些原则还提醒我们去寻找日常生活中的美，并为之动容，更重要的是，在这个过程中，让我们学会对生命本身心存感恩。

## 如何使用本书

侘寂的奥秘在于，当面对这个世界时，要用心去感受，而不是用大脑进行逻辑分析。

为了理解侘寂到底有多深邃、多丰富，我们首先要上一堂简短的历史课，来为我们接下来的探索储备背景知识。由于这本书不是为了详细探讨日本美学、历史、文化、哲学或宗教，因此，我们对这些领域都将点到为止，重点是要理解它们都是日本生活画卷的重要组成部分。如果你有兴趣进一步阅读，或希望为自己的发现之旅寻找灵感，可见书后的参考书目和日本旅行提示。

在对侘寂的起源有了一些体会后，我们将开始探索侘寂的特点，便于让自己用合适的语言来思考它、谈论它。接下来，我们将思考为什么这一古老的智慧至今仍然与我们的生命息息相关。我会在第1章中详细地介绍这些内容，因此，我建议你从第1章开始阅读。

从第2章开始，我将与你分享一些便于把这个概念应用到生活各个领域的小故事、启迪和建议。你可能愿意按顺序阅读，也可能愿意穿插阅读，这取决于此时的你最需要什么。当然，对于这本书，并不存在完美的阅读方案。我只是希望你能在阅读本书后获得自己所需要的东西。

## 与我同行

这本书其实是一封邀请函，邀请你和我一同踏上一段有趣的旅程，去探寻一片未知的土地。请放心，有我在身边，你会很安全。我所描绘的地图将指引我们避开前人早已踏出的那些老路，而是沿着鲜有人知的蜿蜒小路向前，推开破旧的木门，走进隐藏在大山深处、沿曲折河流而生的古老树林。

时不时地，我们会在路旁的茶社停下来歇歇脚、思考一下，会在路上拦下陌生人搭个便车，如果幸运的话，还会从新结交的朋友那里收获意想不到的智慧启迪。

**这本书是一次邀约，邀请你放松下来，体味生活中每一刻的美；邀请你抛开一切无谓之物，去发现深埋在表面之下的生命本真。**

在整个旅程中，你会经历很多，有熟悉的，也有陌生的；有古老的，也有现代的。有些经历会挑战你一直以来的认知基础。我会一直在这里，陪伴你走过旅途中的每一步。

让我们约定，在我向你介绍这种古老的日本智慧的过程中，我们一定要放慢脚步去进行一次广泛而深入的探索。

寻找侘寂，其实就是探寻生命本真的一段旅程。那么，接下来，请睁开双眼，张开双臂，做好准备去拥抱将在你面前展现的神秘的一切吧！

# 第1章

## 侘寂之美

如果你在一家日本人开的公司工作，那么你可能在那里工作一辈子，也不会听到大家公开谈论侘寂这个词。如果你翻开《广辞苑》，也就是目前最权威的日语词典，你也找不到侘寂这个词条[1]。对于侘和寂，分别都有很长的词条来解释，但这两个词合并在一起组成的词语，却没有相关词条。这个概念确实存在于口语中，也有少数几本日语书解释了这个概念，不过，总的来说，这是个存在于人们内心和头脑中的概念，而不是躺在书本里的。我甚至已经记不清是什么时候第一次听说这个概念的了。在日本度过了这么多年后，仿佛侘寂的哲学已经渗透了我，而我也已经将它内化成自己的一部分。

如果你让一个日本人来解释侘寂，他极有可能知道这个概念，但很难给出一个定义，正如我在前面提到过的。这并不是因为他不理解侘寂，而是因为他对侘寂的理解来自直觉，而这正反映了日本人独特的思维和学习模式。除了强调死记硬背的正规学习，日本人还会通过观察和体会来吸收新知。对一个遵循逻辑、习惯理性思考的西方人来说，这是很难接受的。西方人需要的是说明每一个步骤的操作指南，是解释如何操作的简要说明，是这些指南和说明的确切译文。但这类明确的说明和完整的解释并不是日本的风格。要真正领会日本文化中的智慧，我们就需要意识到，真正想要表达的通常都隐藏在那些没有说出口的话语中。

## 侘寂的起源

侘寂最初是两个独立的词语[2]，它们都根植于文学、文化和宗教，具有很高的美学价值。侘所表达的是在简单中寻找美，是一种灵魂的富有和远离物质世界的宁静。寂则更关注时间的流逝，关注事物是如何生长和衰老的，以及衰老是如何改变这些事物的视觉面貌的。侘和寂都是日本文化中的重要概念，但或许当这两个词语合并在一起组成侘寂时，它们所表达的意思才更加令人着迷。

相较于我们看到了什么，侘寂更关注我们如何去看。

# 背　景

如果你愿意，请想象一下 16 世纪中叶的世界，那是一个由欧洲航海家们开创的伟大的探索时代，西班牙人和葡萄牙人打开了世界贸易的通路；那是一个殖民主义和重商主义的时代，很多国家的经济国策都是尽可能多地积累金银。

那时，列奥纳多·达·芬奇刚刚创作了名画《蒙娜丽莎》，画上的油彩还没干透；米开朗琪罗把手中的大理石块变成著名的雕塑《大卫》也不过刚刚过去几十年；而在英格兰，莎士比亚正在为他的最后一部代表作奋笔疾书。

那时的中国正值繁盛的明朝，科技发展领先于西方世界。中国的文化也是一片繁荣，甚至有传闻说中国政府鼓励官员在正式会议中吟诗作对和练习书法。

与此同时，日本则陷入长达一个世纪的战乱和杀戮。饥荒时有发生，火灾和自然灾害在这个国家像瘟疫一般蔓延，课税繁重，贫穷之人比比皆是。国家已经变得支离破碎。因此，很多普通人选择皈依佛教来寻求慰藉，这对当时人们的生活方式产生了非常深远的影响。

那时的日本有天皇、朝廷，但真正掌握实权的是幕府将军。整个国家由被称为大名（daimyō）的武装封建领主阶级统治，他们建立了各自的领土庄园，在其中兴建城堡，行使权力，并在城堡周围的乡村安插武士，以此来保护自己，并充实自己的武装力量。

级别较高的武士通常都接受过良好的教育，手中握有重权，并因对自己所服务的大名领主绝对忠诚与甘于奉献而闻名。禅宗佛教在这些武士群体中非常流行，因为它强调自律和冥想。在当时的都城京都，许多大型寺院里都有枯山水[①]，据说它们都反映了自然的精华，启发了人们的沉思。

很多武士都对茶道产生了兴趣，一方面是因为茶道可以给身体带来能量，让他们能够在长时间值守时保持清醒，另一方面是因为茶道可以在他们腥风血雨的生活中创造平静、和谐的瞬间，给他们带来精神上的享受。对这些武士来说，生活就意味着时刻准备赴死，所以他们对体味随时可能结束的生命中的美乐在其中。

那时，日本的主要城市开始发展，商人阶级开始崛起。由于武士的薪俸有限，一些商人便通过向武士放债来赚钱。这个行业游走于法律边缘，商人们的个人财富随时都可能打水漂儿，这就意味着他们都愿意享受当下。

这样一来，尽管很多普通人仍然过着相对贫穷的生活，但统治阶级和商人阶级的生活其实已经有了穷奢极侈的倾向。华丽的城堡里摆放着用黄金装饰的屏风；富人们常常举办奢侈放纵的社交聚会，特别是茶会。权力阶级对中国的茶具和器皿都格外偏爱，很快，这

---

① 枯山水，一种没有水的山水园林景观花园。——译者注

些茶具和器皿就成了身份的象征。如果你观察敏锐，那么你可能已经发现，那时在日本，关于茶，已经出现了矛盾的观念，一边把茶当作一种心灵体验，另一边则把收藏茶具当作炫耀财富的手段。

现在，把这些都记在心里，接下来，我们将暂时绕道而行，去了解一下茶的历史。

## 茶的人物脉络

要探索侘字的起源，我们就必须了解一下茶的世界。现在，通常与日本茶道紧密相连的是抹茶，也就是一种绿色粉末状茶。这种茶是在 1191 年传到日本的，当时由一位名叫明庵荣西（Myō an Eisai）的僧侣从中国宋朝返回日本时带回，这位僧侣还被认为是日本禅宗佛教临济宗（Rinzai school）的创始人。明庵荣西带来的茶叶种子被种植在 3 个地方，其中包括京都附近的宇治（Uji），这里在接下来的几个世纪里始终是世界级的茶叶产地。在抹茶传入日本的这一时期，禅宗和茶的理念迅速传播。

早在 15 世纪，茶道大师僧侣村田珠光（Murata Shukō）[3] 就已经意识到，备茶和饮茶的过程可以反映禅宗的原则，因此，他被认为是茶道的开山鼻祖。当时在位的足利将军（Yoshimasa）热衷于文化消遣，他要求村田为自己量身打造一场茶道仪式。村田珠光借此机会将茶道引入了更深的层次。根据冈仓觉三（Okakura Kakuzo）在其重要代表作《茶之书》(*The Book of Tea*）中的描述，那时的日本对茶道的崇拜很快上升到了“一种美学主义宗教的高度，而这种美学主义宗教的基础正是对存在于日常生活肮脏现实之中的美的崇拜”[4]。

16 世纪上半叶，一个投到村田两位弟子门下的人对茶道进行了进一步简化，这个人就是武野绍鸥（Takeno Jōō)。武野绍鸥是一位诗人，他擅长用诗句来表达茶的理念。他对茶室进行了改造，把一些未经加工的天然材料放入其中，这一点后来对千利休（Sen no Rikyū）产生了深远的影响。千利休是一位商人，也是日本历史上最著名的武将之一丰臣秀吉（Toyotomi Hideyoshi）帐内的茶头。

后来，千利休被人们尊为真正的“茶道之父”。

## 简素：一种审美理想

到 16 世纪下半叶，茶道已经成了一项重要的社交活动，也是富人展示其财富的机会。丰臣秀吉在自己那间全部由黄金打造的豪华茶室里放满了昂贵的私人用具，它们大都来自中国。与此同时，他帐内的茶道大师千利休则开始了一场悄无声息的革命。他大幅缩减了茶室的物理空间，从而改变了相关审美理想的根本原则，并把茶室里的一切都简化到仅可以满足真正的需求：一个用来聚会的空间、一次对自然的体味、一把茶壶和其他基本器具，以及完全留给茶的一段时间。

千利休的私人茶室只有 3 平方米多一点儿，不到传统茶室的一半大。茶室的窗户很小，只允许最少量的光线射进来，这样，客人的其他感官体验就可以更突出。主人和客人的位置很接近，他们甚至可以听到彼此的呼吸。

千利休把传统茶室里价值不菲的青瓷花瓶换成了插竹子和鲜花的容器，把昂贵的中国碗换成了一位名叫长次郎（chō jirō）[5]的瓦匠烧制的碗。他不再使用象牙茶匙，转而选择竹制茶匙，还对一只用来打井水的简陋水桶进行了改造，用来替换奢侈的青铜水容器。

千利休的另一个重要动作就是在茶道仪式开始时摆出所有器具，等到仪式结束后再把它们全都收起来。这种做法可以使茶室保持干净、简洁，使客人可以全神贯注，关注制茶的每一个动作，体会精心挑选的当季花朵所展现的稍纵即逝的自然之美，欣赏悬挂在壁龛里引人深思又充满诗意的书法作品。一切都是主人和客人在那个特定时刻共同拥有的体验。

就这样，仿佛在刹那间，千利休就把茶的文化从对财富的膜拜转变成了对简素的崇拜，这与丰臣秀吉的美学选择形成了天壤之别。对于到底什么才是必需的，这与当时传统而普遍的认知相比，是一次勇敢而激进的偏离。在那样一个普通大众都过着贫苦生活的时代，千利休站了出来，对抗统治阶级中盛行的奢靡之风，让美学回归那些最基本的元素，回归那些简素的审美。正是这样简素的审美，才能激发人们对生命本质的思考。

## 侘的起源

尽管茶道并不是由千利休所创造的，但是在千利休晚年，他确实让茶道回归了简素之哲学和自然之美，也就是时至今日在日本文化中仍至关重要的两个元素。千利休的茶道后来被称为“侘茶”。

侘字的意思是“柔和的味道”[6]。这个字与日语中的动词 wabiru（意为担忧或苦苦思念）[7] 和形容词 wabishii（意为不愉快的、孤独的、可怜的）[8] 相关，所以其最初的语义包含贫穷、不满足和绝望的意味。

正因如此，早在千利休时代之前的几个世纪里，这个概念就在日本文学中有所体现。比如，在成书于 8 世纪的日本现存最早的诗歌集《万叶集》中、在鸭长明（Kamo no Chōmei）于 1212 年撰写的著名短篇随笔集《方丈记》中，以及在藤原定家（Fujiwara no Teika）的诗歌中，都有所体现。[9] 然而，直到千利休茶道出现，侘才开始表达简素所蕴含的美学价值。

作为一个美学术语，侘的美在于它所隐含的阴暗意味。它是存在于严酷现实中令人崇敬的美，正如佛教僧人吉田兼好（Kenkō）在 700 年前所写的：“难道我们只有在繁花盛开时才去赏花，只有在圆月高悬时才去赏月吗?”[10]美并不仅仅存在于令人愉悦的、喧闹的或明显的事物中。

侘意味着静止，更有一种超越世俗的感觉。它是对现实的接受，也是随之而来的见解。它让我们意识到，不管遇到怎样的境遇，总会有美隐藏其中。

侘可以描述一种感觉，就是发现简单中的美时所体会到的那种感觉，那是在远离物质世界种种诱惑及困顿之后所能找到的一种平静的满足感。多年以来，人们的品位已经发生了变化，如今出现了很多装饰性的茶道器具，但侘的理想在日本仍然是茶哲学的一个组成部分。

最后，侘是一种心态，它崇尚谦卑、简素和节俭，它认为这些是通往心神稳定和满足的道路。与侘的精髓紧密相连的，是承认我们真正的需求都很简单，是谦卑而心怀感激地面对已经存在于我们身边的美。

## 寂的起源

寂字的意思是“铜锈、古老的样子；优雅的简素”[11]，这个字在英文中可以译作“tranquillity”①（寂静）[12]。形容词 sabishii 的意思

---

① tranquillity 也可拼写为 tranquility。——译者注

是寂寞、孤单或孤独。[13] 在僧侣诗人松尾芭蕉（Matsuo Bashō）的许多俳句中都体现着寂的精髓，这些俳句虽然都创作于 17 世纪，但因为其令人难以忘怀的美，至今都为世界各地的人所喜爱。

日语中还有一个写法不同但读音相似的动词 sabiru，意思是“生锈、发霉；显现衰老的迹象”，这给“寂”的概念更增加了一层味道。

随着时代的变迁，寂逐渐开始代表一种随着时间的流逝而产生的深层次的、平静的美。从视觉角度来说，我们认为这就是岁月的印记，是老化，是生锈，是各种古老的迹象。

寂是一种由时间创造的状态，而非出自人的意愿和双手，尽管它常常存在于一些最初经过精心琢磨的有质感的事物上。寂关注的是时间流逝所体现的优雅，那是一种经过锤炼的优雅。它是一种在使用和老化的过程中所流露出的美，比如，在一张备受喜爱的农舍餐桌上，摆放着暗淡无光的陈年谷物。

日本著名作家谷崎润一郎（Jun'ichirō Tanizaki）在自己引人深思的经典作品《阴翳礼赞》(*In Praise of Shadows*）中描述了日本人是如何在寂中寻找美的，他是这样写的。

> 我们并不是不喜欢光彩照人的事物，但与肤浅的光辉相比，我们确实更偏爱忧郁的光泽。那是一种阴暗的光线，不管是来自一块石头，还是一件手工艺品，这样的光

线都透露出一种古物的光泽……我们确实热爱带有污垢、烟灰或天气印记的事物，也热爱那些能让我们忆起往昔的色彩和光泽，正是这些往昔造就了我们所热爱的那些事物。[14]

尽管寂所关切的是时间的流逝如何体现在事物的实体上，但它的深意其实在于那些隐藏在我们所看到的事物实体表面之下的东西，这在日式美学中是非常常见的。寂表现了事物是如何发展、消亡的，它可以激发我们内心的情感，同时，随着我们对生命转瞬即逝的持续思考，这些情感通常都略带忧郁。

寂之美让我们看到自己与过往的联系，看到生命的自然周期，看到自己生命的短暂。

## 侘寂的诞生

只有一颗怀抱侘的心才能发现寂之美，这两者已经携手走过了世世代代[15]。侘和寂所倡导的精髓已经绵延存在了几个世纪，不过这两个字合并到一起组成“侘寂”一词并得到认可，也不过是百年间的事，这主要源于一种对潜藏在日本人内心的深层因素的理解的渴求。[16]毕竟，对于人们一直都有所了解的事物，总要有个符号来描述它们。

侘寂既游走在人们的意识边缘，又深埋于他们的内心深处。我的一个朋友节子（Setsuko）已经70多岁了，她告诉我，在我问她以前，侘寂于她已算是深入骨髓，她不假思索就可以感受到侘寂于自己有怎样的意义，但她还从未把这个词大声讲出来。

你如果能看到人们是如何回应侘寂那深刻的美的，就会发现侘寂所代表的已经远远超越某个事物或某个地方的美了。侘寂是一种感觉，看不见，也摸不着。我的侘寂与你的并不相同，因为我们每个人都是用自己的方式来体会这个世界的。当接触真正的美的精髓，就是那种朴素的、不完美的美时，我们就会感受到侘寂。这种感觉源于一种自然之美，一种简朴的、未经修饰的美。

在英语中，要描述这样一种反应，意思最接近的词组应该是“aesthetic arrest”（审美拘捕）。詹姆斯·乔伊斯（James Joyce）在其小说《一个青年艺术家的画像》[17]中就对此有所暗示。

> 美的最高特性，美的形象的、清晰的光彩，能被为美的完整所吸引和为美的和谐所陶醉的心灵透彻明晰地加以感受的那一瞬，便是美的喜悦所达到的明晰而安谧的静态平衡，这种精神状态非常像意大利的生理学家路易吉·加尔法尼所称的心灵的陶醉的那种心境。

然而，就算是这段话，所探讨的也只是生理上的回应，而不是更深层次的侘寂哲学——一种与生活本质相关联的哲学。

## 由侘寂激发的人生课

侘寂与一种让我们意识到生命本就短暂的美有着根深蒂固的联系。这源于佛教的三法印[①]：mujō（“诸行无常”，一切都是短暂的）、ku（“诸行是苦”，一切都是受苦受难）和 kū（“诸法无我”，不存在独立的“我”的实体，一切都是彼此相互依存的）。

侘寂可以给我们上一些人生课，在本书中，我们也将对其进行深入探讨。这些人生课都根植于下面所罗列的理念。

- 如果你学着用心去观察和体会这个世界，那么这个世界看起来也将有所不同。
- 一切事物，包括生命本身，都是短暂的、不完整的，也是不完美的。因此，完美不可能实现，不完美是一切事物的自然状态，我们自己也不例外。
- 在简素中，我们可以找到极其美好、珍贵、舒适的东西。

尽管如此，侘寂也不是灵丹妙药。它提醒我们，宁静、简素和美可以帮我们全身心地沉浸于当下，这就是我们每个人都要领会的人生一课。

---

① 不同佛教流派三法印的内容也不同，这里是南传上座部佛教中的三法印。——译者注

## 关于语言的一点说明

在我之前，已经有许多非日本人对侘寂进行了研究，基于其中部分文章和著作，你可能听说过把侘寂当作形容词来使用的情况，比如“一只侘寂的碗”，这就跟你说“一只摇摇晃晃的茶杯”或者“一把饱经风霜的椅子”是同样的用法。在西方，人们用侘寂来描述一种特定的、自然而不完美的外观。然而，你要知道，日本人并不会这样使用侘寂一词，这一点很重要。

你可能会一口气说出“有一种侘寂的氛围”或者“让你产生一种侘寂的感觉”之类的话来蒙混过关，但是，这个词本身并不是用来形容事物外观的，至少它在日语中最初的意思并非如此。事实上，它所表达的是当你遇到某种特定的美后所产生的一种印象，可能是视觉上的，也可能是一种体验或体会。

我曾与一位当过大学教授的人交流，他说，当他在古老的寺院中欣赏花园里的苔藓时，会有侘寂的感觉。我还曾遇到一位开出租车的萨克斯手，他在吹奏布鲁斯时可以体会到侘寂的感觉。而对其他人来说，这个瞬间大都出现在茶道仪式中。这个瞬间之所以对每个人来说有所不同，是因为我们每个人都会被不同的事物感动。不过，只要出现了这种感觉，也就是出现了一种了解、联想、体会短暂易逝和不完美正是生命本质的感觉时，侘寂就出现了。

当一个词语从一种语言转换到另一种语言中时，其语义通常会发生转变。所以如果你一直把侘寂当作一个形容词来使用，而且它确实帮你发现了不完美的价值和简单生活的宝贵，那么你就不需要为此而烦恼。这本书的目的并不是要执着于语义学研究，而是要展现由这一古老智慧所启发的人生课，让读者吸收古老智慧的哲学，从中获得感动，改变视角，从而让生活更美好。

确实，这并不是说我们不能把侘寂的概念当作灵感，来帮我们布置一间彰显简素、自然和美的居室。我们当然能，而且我会在本书第 2 章中对此进行深入探讨。然而，如果我们只是把侘寂归类为一种令人向往的生活方式或一种设计趋势，那么我们就会错失一个真正的机会，一个跟随直觉去深入体会这个世界的机会。

日语和日本文化最引人入胜而又让人备感挑战的特点之一就在于其“层次感”。任何事物看似如此，但实际并非如此，一切都取决于语境，取决于是谁在跟谁说话，取决于哪些意思还没有被表达出来。如果不完美的一个核心标准是不完整，那么我在本书中的任务就是为侘寂描绘出一幅丰富但仍不完整的图景，这样你就可以从自己的角度出发，来填补其中的空白。

在本书的某些部分，我将仅讨论侘寂；而在其他部分中，我将引入日本其他一些相关的概念，这些概念有助于构建一种更简单但更充实的生活方式。最后，我希望你可以亲身感受侘寂的精髓，欢迎它融入你的生活，启发你用一种全新的方式来看待这个世界。

## 我们共同的恩赐

不久之前，我在美国听了一场由两个日本女高中生主讲的关于侘寂的介绍。快结束的时候，观众席里一个美国人提了一个问题：“你们觉得侘寂是可以通过学习来掌握的吗？”两个女孩面面相觑，皱起眉头，看上去有点儿惊慌，不知该如何回答。后来，她们思考了一会儿，其中一个女孩开口答道：“不行。我们靠的是感受，因为我们是日本人。”

对此，我并不认同。侘寂是一种深埋在人类内心深处对美的回应，我相信我们每个人都有能力去体会，只是我们需要调整自己来更好地与之配合。

我对侘寂的看法，总归要放到我个人的世界观这个大背景里去理解，也就是说，要考虑到我从小在西方世界长大，但对日本的爱已经持续了20年，我的世界观因而也受到了深远影响。而你对侘寂的看法则会与我不同，而且，如果你有机会与一个日本人探讨这个话题，你就会发现，他又会提供另一种看法。然而，这正是美之所在，也是重点之所在。也就是说，正是通过从其他文化汲取灵感，并运用我们自己的生活经验来对它进行解读，我们才得以挖掘自己最需要的智慧。

侘寂邀请我们睁开双眼、敞开心扉去面对美。

## 侘寂如何与当今生活相联系

我们生活在一个充斥着算法的时代，这些算法甚至可以侵入你的大脑，算出你的想法，各种广告和信息随时随地地弹出来，无不根据你的想法量身打造。每一天，从睁开双眼的那一刻起，直到跌跌撞撞地倒在床上的那一刻，我们时刻都在应对各种强加于自身的信息——应该看起来有怎样的面貌，应该穿什么、吃什么、买什么，应该赚多少钱，应该爱什么人，应该如何养育孩子，等等。我们对此应接不暇。我们中的很多人可能花了更多的时间来思考别人的生活，而不是用来丰富自己的人生。雪上加霜的是，这种快速的工作和生活节奏如今都是受到鼓励的，难怪我们大多数人都觉得喘不过气来，觉得缺乏安全感，整个人仿佛都被掏空了，筋疲力尽。

除此之外，不管是在家、商店、办公室，还是在玩手机或笔记本电脑，我们始终都被明亮的人造光线包围。我们过度兴奋，过度执着于生产的高效。对我们的神经系统和睡眠来说，这都是一场灾难。为了追求速度与效率，我们放弃了生活中让人平静的阴翳和生命丰富的可能性，并为此付出了代价。我们身心俱疲。

**我们肆意挥霍注意力这种最宝贵的资源，并因此与那些早已存在的恩赐渐行渐远。**

尽管在很多方面，社交媒体都有巨大的影响力和宝贵的价值，但是它确实让我们对“比较”和“验证”着了魔。我们会在生活中那些珍贵的瞬间突然停下来，拍张照片，上传到社交媒体，然后在接下来的一小时里不断地刷新，看看自己收到了多少个赞，尽管点赞的人中，有好多我们甚至都不熟悉。不管何时，只要有了哪怕一分钟的闲暇，我们也会掏出手机，低头盯着屏幕，随着手指上下滑动，走进别人精心设计的生活。接下来，嫉妒的泡泡会在心中涌动，因为我们认为别人真的是过着这样的生活。每当这么做时，我们的身体就已经跟不上头脑的脚步了，因而我们会错过生命中一些不可知的机会，这些机会带来的可能是人脉，可能是意想不到的好运气，还可能是日常生活中的奇遇。

我们中有很多人如果不专门考虑一下别人会怎么想，就无法做出行动决策。我们就这样排着队坐在那里，等着别人来发放许可证，与此同时，我们还在为那些没有发生的事情而担忧。我们一遍又一遍地告诉自己自身的极限在哪里，对成功之处总是轻描淡写，而对挫折和困难夸大其词。

当终于鼓足勇气去追逐梦想的生活时，我们就会发现自己周遭已经有太多美好的成功案例，因此我们会开始怀疑自己是否还有空间。无数破碎的梦想散落在世界各地，原因不外乎有人把自己与其他人进行了比较，认为“我还不够好”，这种信心危机会带来种种后果，影响最小的就算是惰性了。

同样在这个队伍里，不知从哪个人开始传出了这样一种说法：幸福在于物质、金钱、权力和地位的累积，同时还要一直看起来年轻、漂亮、骨感，或者年轻、帅气、强壮。然而，当我们用别人的标尺来丈量自己的生活时，当我们把自己置于“应该如何”的魔咒中时，我们就给自己施加了巨大的压力，让自己获得、完成、拥有自己其实并不真正关心的事物。这种想要不断获得更多的欲望影响了我们的行为、决策，以及对自己的看法，更不要说对我们居住的地球所造成的冲击了。不管我们拥有了什么，或是成为什么样的人，都是不够的，或者说我们已经被洗脑，因而会认为应该如此。

这就是真正的讽刺之所在了。我们外在所追求的通常与内在所渴望的相去甚远。此时此刻，我们需要停下脚步，环顾一下周遭，思考一下到底什么才是真正对我们有意义的。侘寂可以帮助我们完成这一切，因此，这个有百余年历史的信条在今天也变得更有意义了。

## 贪心和取舍

此时此刻，我们需要找到一个全新的角度来看待这个世界，看待自己在这个世界中所处的位置。

我们需要一些新的方法来应对生命中的挑战，需要一些工具来帮助自己过上有规划的、理智的生活，还需要一个框架体系来帮助我们确定到底什么才是真正对自己有意义的，这样我们就可以始终带着对“更多、更好，乃至最好”的渴望不断前行；我们需要找到方法让自己慢下来，这样，生活才不会在我们身边空洞地呼啸而过；我们需要开始发掘更多的美，这样才能让我们愉悦起来，保持创造力；我们需要允许自己不那么执着于评判和对完美无休止地追求；我们需要在看待他人和自己的时候，更多地意识到我们每一个人都是注定不完美的珍宝。

所有这些，都是我们现在迫切需要的，都可以在侘寂的哲学中找到。这并不是因为侘寂解决了表面上的问题，而是因为它可以从根本上转变我们看待生活的方式。侘寂让我们在拥有不多的情况下也能感到满足，感觉自己仿佛已经得到了更多。

少一些物质积累，多一些灵魂体验。少一些你争我夺，多一些淡泊处之。少一些惊慌失措，多一些气定神闲。

少一些大众消费，多一些独特创造。

少一些纷繁复杂，多一些简洁明了。少一些评判苛责，多一些宽宏大量。少一些虚张声势，多一些扎扎实实。

少一些抗拒，多一些适应。少一些掌控，多一些顺从。少一些理智分析，多一些随心而动。

侘寂代表的是一种隐藏在表面之下的睿智，这种睿智强调心神的安定，强调和谐，强调美和不完美，它可以增强我们面对种种“现代病”时的适应能力。

放弃那些关于“事情本应如何”的执念，但那并不意味着不再去探求它们本身的可能性。

重点是，接受不完美并不意味着必须降低生活标准或自我放逐，而意味着不要妄自菲薄，因为我们大家都一样，注定不完美，但同时独一无二。

说得简单一点儿，侘寂可以让你做自己。它鼓励你尽自己最大的努力，但又不疲于追求无法实现的完美目标。它温柔地请你放松一下，放慢脚步，享受生活。它让你看到，美往往出现在最意想不到的地方，这使每一天都能变成一扇通向愉悦生活的大门。

# 第 2 章

## 简化与美化

日本山地居多，森林、田野和耕地占国土面积的 80%[1]，所以，这个国家的城市都非常拥挤也就不足为奇了。东京人口总数超过 1 300 万[2]，人口密度超过 6 000 人 / 平方千米。[3] 因此，日本人都是小户型建筑和讲究生活方式的大师。

日本人的私人空间非常有限，而且近些年来，与其他国家一样，拥挤也成了日本人所面对的一大挑战。也许，正因如此，日本人才变得如此精于整理和收纳，无印良品（Muji）才成了高街人士最喜爱的品牌，近藤麻理惠（Marie Kondō）才变成了居家名人。然而，不要天真地认为大多数日本人都住在铺着榻榻米[4] 而又空荡荡的房间里。他们并非如此。尽管极简主义的观念对很多人都产生了巨大冲击，转变了他们的看法，但是这些观念最后很可能只是另一种形式的完美。它又为你提供了一次可以因为自己做得不对而苛责自己的机会，说实话，这让人筋疲力尽。

也许你就像我一样，喜欢极简主义哲学，也梦想有一个整洁到完美的家，但发现严格的极简主义在你这里行不通，因为你有孩子或宠物，或者你生活很忙碌，对搜集古董茶壶有一种奇怪的狂热，你的藏书比当地图书馆的还要多，等等，这些都使你无法拥有哪怕一个始终保持整齐的抽屉。也许你的房子是租的，因此你在改变生活空间这件事上并没有多大自由。也许你预算有限，因而觉得那些有更多可支配收入的人才能拥有一个让人感到温暖的家。又或者你只是很忙，要让一切都符合极简主义似乎要花费很多精力。如果你觉得以上列举的内容中有任何一项听起来很熟悉，那么“深入灵魂的简素”可能刚好就是为你准备的一种解决方案。

**透过侘寂的镜头，我们可以得到启发，去拥抱深入灵魂的简素，去珍惜已经拥有的事物。**

“深入灵魂的简素”是我自己起的名字，它指的是带着爱来整理、美化自己的房间，同时又不让它看起来极简如诊所。这不需要耗费太多精力。这是对自己的家或私人空间进行整理和个人化装饰的方法，可以让它们看起来温馨、漂亮，且仍然有烟火气。

日语里有一个特别可爱的短语，“居心地が良い”，这几个汉字[5]的字面意思是“这里、心、地方、好”，这个短语是用来描述一种舒适的感觉，一种仿佛在家的感觉。我喜欢把这个短语理解成“一个为愉悦的心灵所准备的地方”，这也正是我们通过“深入灵魂的简素”想要营造的氛围。

# 家，一个属于自己的空间

我们所居住的空间会影响我们的生活方式，也会影响我们日常生活中的感受。如果我们想过不一样的生活，那么改变环境及生活空间中的细节会起到至关重要的作用。我们的家可以是一个避风的港湾、一个朋友相聚的地方，也可以是一个充满爱和欢笑的地方，或是一个尽情独处与休憩的地方。我们的家可以让我们感到踏实、舒适，也可以让我们备受鼓舞或全身心放松。正是在家里，我们谱写了自己的故事，而家也可能强化我们在日常生活中的感受。

受到侘寂启发的家：有人气，有爱，始终未完工。

"深入灵魂的简素"之美在于，它可以帮助我们将任何居住空间变成一个可爱的地方，不管这个空间大小如何，或者你有多少预算。我们中有很多人都着迷于居室设计杂志，或在 Pinterest（世界上最大的图片社交分享网站）和照片墙（Instagram）上一晃悠就是几个小时，同时又隐约有些不安，觉得自己的家永远都不可能变成那样。对这些人来说，"深入灵魂的简素"无疑可以让他们松一口气。侘寂让我们意识到，自己的家本来就不应该是那样子的。家是用来居住的，而居住本身就不是一件可以完全保持整洁的事。这里有个好消息，那就是真实生活的混乱状况，稍加修饰，可以透露很多信息。我们中的大多数人已经拥有了创造一个温馨空间所需的素材，只需要一点点时间和精力，你的家就可以变成一个避风港，从而反映出哪些东西对你才是最重要的。

如果从具体体现了侘寂的传统茶室汲取些灵感，我们想象出来的就会是一个干净、简单、整洁的空间。我们要做的就是确定要保留哪些东西，要丢掉哪些东西，要展示哪些，要存放哪些，还有哪些可以随意处理，哪些又需要特别珍视。

你不需要等到一个完美的时点，比如等有钱重新装修的时候，等孩子离开家以后，或者等自己终于有时间把每个抽屉和橱柜都整理一下的时候。你今天就可以开始行动，就从你此时所在的地方开始。这其中并没有一定之规，只是有一系列想法和问题需要你自己考虑，这样才能如你所愿。

## 情感联系

“深入灵魂的简素”让人感到一切都已足够，并因此感到心满意足。

事实上，我们中的很多人都拥有杂乱无章的家，尽管我们自己并不想这样。我们常常买一些其实并不需要的东西。我们告诉自己确实应该整理一下，让所有物品各归其位，可是转身就顺手打开了电视机。在很多年前，我的工作就是与一些希望在生活中进行重大改变的人打交道。在这个过程中，整理通常是他们人生旅程中的一个重要组成部分。随着扔掉的东西越来越多，他们发现自己逐渐远离了消极的思维模式，远离了总是不满足的感觉和看不到头的忙碌，不再那么留恋过去的自己，也不再渴望那种脱离了自己的身份和价值的生活，这说明侘寂真正进入了他们的生活。

你就是你，注定不完美，当意识到这一点时，你就不再需要那么多外在物质来提升自己的形象了。说到底，在家中实践“深入灵魂的简素”，关乎你自己、你想为自己所创造的体验和你的家人及朋友；关乎你把自己变成自己所爱的样子，把家这个空间变成一个可以让自己获得真正启发的地方；关乎把你吸引至其中；关乎品质、深度和选择。除此之外，这还关乎你把所有的评判放到一边，专注于思考自己可以利用已经拥有的来做些什么。

受侘寂启发的家是一个令人放松的空间，它既欢迎宾客，又浇灌了家庭生活。这样的家里会有很多既饱含爱意又可以引人回忆的珍贵物品，而不仅仅是堆满了冲动消费买来的新玩意儿。当然，这里并不存在对错的问题，只是一种无法伪装的风格，而且完全是通过一种注定不完美的方式来体现的。

在本章后续的篇幅中，我将提供一些小提示，它们将有助于你用一种由侘寂所启发的方式来整理自己的空间，并在其中实践“深入灵魂的简素”。不过，首先让我们探讨一下日式之美的概念，这是一切的基础。

## 创 造 美

如果你把鼻子贴在真希子·希斯汀（Makiko Hastings）那间老旧工作室的窗户玻璃上，然后透过玻璃去看工作室里面，你可能会看到真希子坐在陶轮旁边一把斑驳的木质椅子上，椅子上还有艺术家工作时留下的如鬼画符般的指印。你可能会注意到她的肩膀起起伏伏，自有一种轻柔的律动在其中，而在这个过程中，她手中的陶土渐渐有了清晰的轮廓。在她身后的架子上，摆放着一排排正在风干的陶器，每一件都由手工制作而成，它们无不诉说着爱与真希子·希斯汀对美与生俱来的感觉。

7年前，为了给2011年日本大地震中的受害者募款，真希子制作了小鸟形状的筷托，我买了其中一对，直到那时我才第一次了解真希子的作品。在那次地震引发的海啸中，小镇南三陆町（Minamisanriku）70%的土地被毁。为了帮助小镇上的居民，真希子制作了1 000多个小鸟陶器。多年来，真希子也遇到过挑战，但她凭借着自己对家庭和自身创造力的深度欣赏走了过来。

现在，真希子会精心制作每一件作品，然后直接把它们放在自己的线上商店[6]里销售或是卖给贸易客户。当被问到她的美学选择时，她会解释一个领域中的简素如何允许另一个领域中出现繁复。举个例子，前不久，她接到一份订单——为当地一家餐馆的主厨制作一套晚餐盘。这套盘子比一般的平底盘更平一些，泛着精致的深蓝色光泽，而且每一个都略有不同，这使每一位食客都能收获一份关于食物的独特视觉体验。

在对形状、装饰性和颜色的考量之外，真希子认为，自己的盘子作为一个容器，所容纳的不仅是食物，还有回忆。关键是，她相信每一位客人通过使用和珍视自己的作品而成就了这件作品完整的美。因此，这里就出现了一个重要结论：日式之美不仅要靠眼睛来发现，更要靠体验来发掘。

## 解构日式之美

关于日式之美，并不存在一个普遍认可的定义，因此，我把最流行的一些概念整理了一下，希望有助于日式之美的概念轻松地进入你的生活。从表面上看，日式之美是（视觉上的）品位；而在表面之下，它其实是（通过体验获得的）风味。

让我们花点儿时间来思考一下某些我们可能会与日式之美联系在一起的事物，比如当一位舞伎[7]身着华丽的黄绿色丝质和服，其背后系着有复杂刺绣图案的绯红色腰带[8]时，她所展现的那种优雅令人印象深刻；比如精明的东京居民常常会有的时髦装扮；再比如把一朵山茶花插入一只泛着烟灰色光泽的萩烧[9]花瓶时所散发的艺术感，或者一间传统的榻榻米房间所体现的简素。这些事物对于日本的印象，在风格、颜色、质感、样式和复杂程度方面，都是如此不同，它们是如何栖身于同一个美学架构之内的呢？答案是一切都归结于品位。

## 表面的美

如果我们要在一条品位轴上把日式品位的主要类型标记出来，那看起来会如图 2-1 所示。

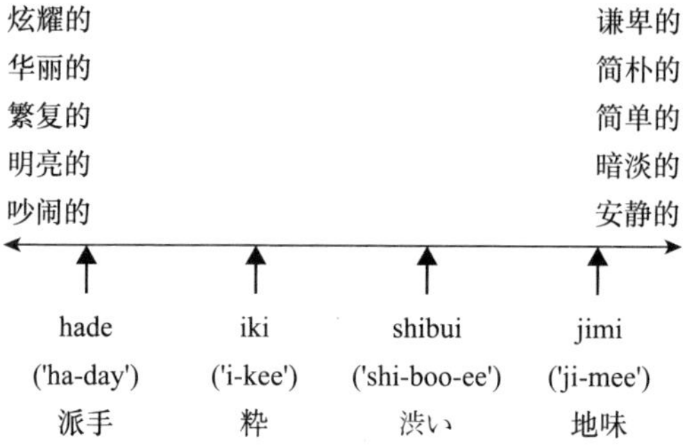


图 2-1　主要日式品位类型轴[①]

派手　炫耀的、华丽的、自由的。一身明艳的和服、贴了珠宝的指甲、面色红润的漫画人物。所包含的颜色从普通的原色到不断

① 图中箭头下方 3 行分别为日语的罗马拼音、罗马拼音读音、日语写法。——译者注

变换的霓虹色，种类繁多。

粋　流行的、时尚的、世俗的、复杂的。看起来很酷，似乎是信手拈来的（尽管可能经过了精心雕琢）。可以参考简洁利落的成套西装和精致的职场服饰，用色大胆。

渋い　有时被译作简朴的、压抑的、不易察觉的、拘谨内敛的。不过，对日本人来说，这个词的含义更复杂，它包含着安静、深度、简单和纯粹的意味。[10] 近些年来，渋い的意思更近似于安静的酷、精致的设计和低调的时尚。如果是颜色的话，它所指的是暗色，而且颜色本身很丰富，又很厚重，通常是中性自然色调，还带有一点儿蒙着一层尘土的意味，就像一块绣球花形的调色板。[11]

地味　字面上的意思是“土地的味道”，翻译过来是清醒的、保守的、不引人注目的。如果是颜色的话，是指中性自然色调、米黄色调或者暗灰色调。如果是样式的话，地味指的是对比不那么强烈的整体平淡的设计。

上面每一种品位的优雅都有其各自的位置，但它们从表面上看起来都非常不同，它们也可以用来描述态度。

## 侘寂的位置在哪里

西方人将侘寂当作形容词来描述一种特定品位已经有那么一段

时间了。它代表一种自然淳朴的样子，彰显着不完美的外表、有机的材料、醇厚的质感和独特的风格。就颜色而言，你可以想想自然界中那些不那么亮丽的色彩，比如大地色调、绿色调、蓝色调、中性自然色调、灰色调、铁锈色调，我非常喜欢有类似特点的事物。事实上，我对它们可以说是非常痴迷，并用它们来装扮自己的家。不过，如果根据我们一直在讨论的侘寂的深层次含义来评判，那这些并不是侘寂。

我猜侘寂的意思之所以会发生转变，应该是在过去某个时候有一些大胆的外国人对侘寂很感兴趣，希望找到侘寂的本质。我可以想象得到，那些外国人询问了一些日本人，这些可爱的人在被问到时，可能无法找到一些合适的词来形容侘寂，所以就拿一些事物来类比，比如一只简单的碗、一间茶室或者一片枯萎的落叶。日本人把这些事物与侘寂的体验联系在一起，但它们本身并不是侘寂。就这样，我们陷入了一种奇怪的境地，也就是很多像我们这样的外国人熟悉侘寂，但只认为它是一种特定的“样貌”，赞美的是不完美和时间痕迹之美，却并没有去体会这个概念的强大深度。

为了避免混淆，同时因为并没有一个合适的日语单词可以在此处被使用，我将用“侘寂般的”来描述这种特定的（表面上的）视觉品位，便于与哲学层面的侘寂相区别，后者代表的是对美的本质的（深层次）体验。

下面罗列的是描述侘寂般的样貌时最常使用的一部分词语。

- 不对称的
- 有独特氛围的
- 有瑕疵的美
- 简陋的
- 不完美的
- 不定期的
- 时间流逝的印记
- 谦虚的
- 自然的
- 怀旧的
- 有机的
- 生的
- 克制的
- 粗糙的
- 纯朴的
- 平静的
- 简单的
- 深入灵魂的
- 不易察觉的
- 有质感的
- 朴素的

如果我们要把“侘寂般的”这个短语也在品位轴上标识出来，我认为它应该在渋い和地味之间的某个位置。(当然，它的确切位置在哪里，其实是个品位问题。)

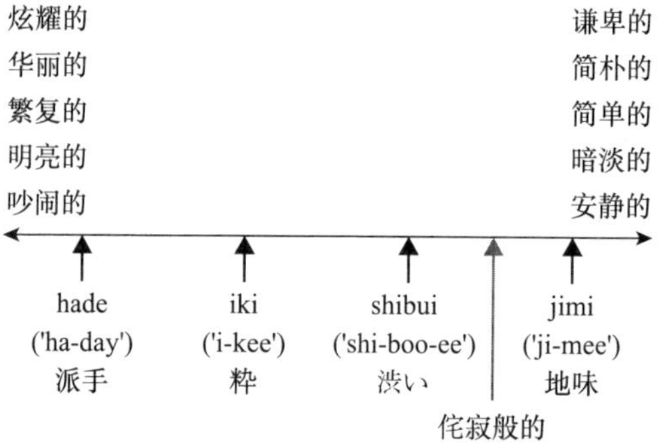


图 2-2 “侘寂般的”在主要日式品位类型轴中的位置

## 你的自然风格是什么

花点儿时间考虑一下你的自然品位应该在这条品位轴的哪个位置。为了帮自己确定这一点，你可以在自己的家里四处看看，然后想想什么样的空间会给自己带来启发。请记住，视觉兴趣并不仅仅来自色彩，还可以来自质感、形状、大小和影子。

- 如果你的品位是派手或粋，侘寂般的风格就可以增加一点从容和安宁，帮助你重新与自然建立联系。
- 如果你的品位是渋い，而你现在还没有形成侘寂般的风格，那么这种风格可以说就是天然为你而生的，它可以为你增加更多特色，让你的故事更丰富。

- 如果你的品位是地味，侘寂般的风格可以让你的生活更温暖、更丰富。

## 外　在　美

日本人对美的欣赏并没有止步于外在的样貌，事实上，日语中有专门的词语来形容这种表面之下的美的情感特征，同时也与我们对这种美的体验相关联。这样的词有很多，它们表达了这种情感特征的不同侧面，其中有些在意思上会重叠。为了便于理解，我在这里将仅仅分享其中最重要的几个。[12]

### 物哀（Mono no aware，物の哀れ）

物哀指的是一种对有时限的美的回应，是高度敏感而情绪化的，它在很多场合中都被翻译为“事物的哀婉之处”“事物苦中有乐的辛酸”，甚至是“事物令人叹息之处”。这种美根植于“事物终究会消散”的事实。乍看起来，这些描述可能与有关侘寂的概念相似，但两者有一个关键区别，就是物哀关注的是美本身（以及这些美转瞬即逝的事实），而侘寂让我们关注的则是这些美可以为我们带来生活中的哪些启示。当日本人用举例子的方式来描述这两个概念时，他们通常用粉红色樱花在即将凋落之时所体现的转瞬即逝的美来诠释物哀，而在诠释侘寂时，则更有可能用秋天的落叶来比喻。

### 幽玄（Yūgen，幽玄）

幽玄指的是我们运用想象后所看到的世界的深度。它一直都被比作优雅之美、神秘之美，以及当我们意识到自己只是某些远大于我们自身的事物的一部分时所体会到的美。幽玄一直被认为是传统日本能剧最重要的原则之一。它起源于日本平安时代（Heian-era）贵族阶级高度精致的文化之中。[13] 后来，随着时间的推移，逐渐发展演化，变成了一种意味深长的惊奇感，一种源自美的有诗意特质的惊奇感。

### 侘（Wabi，侘）

正如我们在第 1 章里所讨论的，侘是一种感觉，当发现了简单中的美时，我们就会产生侘的感觉。这是一种安静的满足感，在远离物质世界的各种诱惑时才能体会到。与侘的精髓紧密相连的，是承认我们真正的需求都是相当简单的，是谦卑且心怀感激地面对已经存在于我们身边的美。

### 寂（Sabi，寂）

同样，正如我们在第 1 章所讨论的，寂表达的是一种随着时间的流逝而产生的深邃而平静的美。从视觉角度来说，我们认为这就是岁月的印记，是老化，是生锈，是各种衰老的迹象。正因如此，寂可以用来描述事物的外观。与此同时，寂并不仅仅停留于此，它更是一种特定的美，它尊重且反映了生命的自然周期，并让我们意识到生命的自然周期，由此让我们产生一系列情绪反应，从留恋和忧伤到哀愁和渴望。

美的这些情感元素在日本人的美学感受中具有非常重要的意义。要体会这些情绪元素，我们就要停下脚步，全神贯注，敞开心扉，仔细聆听。

1958 年，《美丽家居》杂志介绍了日式之美，当时的总编辑伊丽莎白 · 戈登（Elizabeth Gordon）正在做一个关于日本的长达 5 年的研究项目。后来，根据这项研究的成果，《美丽家居》出版了两期日本特刊，引起了巨大反响。伊丽莎白 · 戈登在 1958 年的杂志中是这样写的。

> 第一，如果你一直用自己所熟悉的或者古老的方式行事，那就无法学会发现美。你必须用纯粹的双眼去看待周围的一切，也就是说，你要忘记与价格、年龄、社会地位、声誉等相关联的一切，不去理会别人做出的各种评判，然后用你应对自然中事物的方法，比如应对树木、日落、云彩、高山等的方法，来回应你所面对的事物。第

二，如果你总是孤立地看待一个事物，那么就无法学会欣赏美。事物的美是增强还是减弱，完全取决于事物存在于怎样的背景中。[14]

受到了日本的启发，这位当时站在美国时尚前沿的人物大胆地鼓励读者不要按原来的方式选择摆放在家中的物品了。此前，人们会先根据他人可能的想法来确定物品的价值，然后再判断是否可以将其摆放在自己家中。与之相反，她倡导拥抱直觉，她相信正是直觉促使人们选择了家中的这些物品。

## 内 在 美

总的来说，日式之美不能用逻辑来描述，要用眼睛和内心来观察、参与和体会。关于如何给我们的生活和生活空间带来更多的美，侘寂教给了我们最重要的一课。

情人眼里出西施。

然而，如果情人眼里才有美人，那么这对我们的实际生活有什么意义？特别是如果我们想要找到一种新的视角，这意味着什么？

即使房间里有一千块榻榻米，你也只能躺在其中一块上睡觉。

——日本谚语

这意味着用我们所有的感官来寻找美；这意味着让自己从对更多物质的无尽追求中抽身出来，便于我们注意到那些已经存在于自己视野范围之内的事物；这意味着放慢脚步，慢到足以让我们去关注那些隐藏在表面之下的事物；这意味着让我们爱和珍惜的事物、人和想法围绕在我们左右；这意味着我们要时不时地对生命进行思考，思考生命是有周期的，而不是永不消失的，思考生命的短暂和珍贵。

同时，这还意味着我们要打开心扉，接受各种可能性和奇迹，意味着去寻找一种更简单的生活所能带来的恩赐。

## 打造真正属于你自己的家

我坐在地板上，在我周围散落着许多室内设计杂志和书籍，这些是我多年来在日本搜集而来的。我试图精准地找出到底是什么让自己一直对日式设计和风格如此着迷。随着目光扫过这些杂志和书籍的封面，手指滑过其中的书页，我仿佛回到了 21 世纪的头几年。

那时，我在东京工作和生活，我投身于体育运动领域，非常忙碌。不过，在闲暇的时候，比如午餐时间和周末，我常常会找一家闲适的咖啡馆读书，一待就是几个小时。书籍内容涉及很多领域，包括建筑、室内设计、陶艺、纺织和时尚。有时遇上一连几天的假期，我都会去看展览，去自由之丘（Jiyūgaoka）、代官山（Daikanyama）和神乐坂（Kagurazaka）探寻独立小店。这些小店的货品精致美丽，让人赏心悦目，单看它们的外包装，都让人感到非常愉悦。

当我在工作合同到期后考虑下一步该做点儿什么的时候，我仔细考虑接受培训，成为一名室内设计师的可能性，因为这样就可以帮助人们进行居家装饰设计了。当时，日式杂货（zakka）铺变得空前繁荣。事实上，把 zakka 翻译成杂货其实是有些平淡的，而且并不完全贴切，它掩盖了可以从 zakka 宝藏中找到的愉悦。这些 zakka 宝藏通常就是那些彰显了你的品位和个性、给你的居室制造了故事的事物。zakka 铺里的很多货品都很小巧，它们不仅体现了日本人对细节的关注，也反映了日本人通常都居住在狭小空间中的现实。大约就是在这个时候，我开始对日本文具有些痴迷了，并且这种痴迷一直延续到现在。同时，我也发现日本人在居室整理和创意收纳方面很有天赋。

当时我所住的小公寓位于牛込柳町（Ushigome-Yanagichō），公寓隐藏在一片安静的别墅社区之中。这一区域与最近的高楼大厦之间有很远的距离，因此感觉更像是一个小村庄而不像是繁华大都会中的一角。打开公寓正门后是一个玄关，要在这里把鞋子脱掉才能走进公寓。我的公寓里除了一个独立的小卫生间，就是一个由房间组成的开间。厨房的窗外是一小片废弃的空地，薄荷在其中像野火一样疯长。直到今天，每当我想到这间小公寓，我总感觉自己能闻到一股清凉、新鲜的香气。

我们在进行美化之前，首先要进行简化，并且最大限度地利用现有空间。

根据当时的预算，同时考虑到这样一个有限的空间会有许多局限性，我对这间小公寓逐步进行了精心的装饰。公寓中的每一件物品都是我所珍视的，它们背后都有一段回忆。我选了一款和纸来做墙帷，这款纸是我在早春的一个下午，伴着飘落的梅花，从自己最喜欢的纸品商店里买来的。餐桌上的亚麻杯垫、手工雕刻的筷子和备受喜爱的陶器都是朋友赠送的珍贵礼物。大多数时候，我都是一个人吃晚餐，然而，即便如此，我也会使用这些物品。关于花、陶艺和慢生活的书籍堆成了一小堆。书堆上面本应放一些昂贵的摆设作为装饰，而我会选择摆放一把茶壶或一只花瓶来替代。

现在，我们有太多选择，可以买到太多便宜的东西，因此常常会在匆忙中采购、消耗，任凭信用卡账单上的数字迅速增长。我们的生活很快就会被塞得满满当当，家里的橱柜也难逃这种命运。近几年来，我自己的家庭也在不断变大，我有了两个小女儿，她们都喜欢收集粉色的塑料洋娃娃。所以，我发现自己重拾了日本文化给我的启迪，这些启迪可以让我们不用耗费巨资，就能给自己的家增添一丝安宁。

## 日本的“从容感”从哪里来

回到前面的话题，也就是散落在我脚边的那些日本室内设计书籍和杂志之间究竟有哪些共同点呢？我发现有这么几条线：简素清爽的空间；在装饰中使用织物；用不那么有视觉冲击力的方式来展示精心挑选的物品；在狭小空间中使用小巧的物品（比如不使用尺寸过大的家具）；更多地收纳物品，而不是展示它们；在室内加入自然的元素（从一个小小的庭院花园到在室内展示鲜花或拾得的艺术品，都可以），并体现对不同季节的感知；光线的明暗交错；大量的中性色调；灵活的空间使用；一种深藏在表面之下的从容感。

同时，通常仅仅是一个细节就可以让人产生一种奇妙的感觉，比如在一只小小的花瓶里插上孤零零的一枝花；比如有部分遮掩的视觉画面，让人觉得欲说还休、若有似无。这让我开始思考，如果不把所有珍视的物品展示出来，如果不把任何一点儿留白的空间塞满，如果不在与他人初次见面时就将自己的全部人生故事和盘托出，如果不急于打破与人交流时的任何一个沉默瞬间，那我们将有怎样的收获呢？

我把前面列举的几条线归纳成 5 个主题，供你在生活中探索。这些主题是：简素、空间、灵活性、自然和细节。[15]

## 简　素

多年来，我一直喜爱的一个日本生活方式品牌，叫作“fog linen work”[16]，这个品牌由设计师关口由美子（Yumiko Sekine）在 20 多年前创立。她的店铺隐藏在东京潮流街区下北泽（Shimo-Kitazawa）的一条小街上。在喧闹的都市中，这里是一片宁静的绿洲。店铺的墙面是露石混凝土，摸起来很有质感，也为长长的开放式货架提供了一种中性色调的背景。货架上摆放着用铁丝篮盛放的亚麻餐巾、一小摞一小摞的木质盘子，以及带有小按钮的无盖托盘。颜色不那么亮丽的亚麻服饰和包分散地挂在横杆上。我最中意的物品是耐用的围裙，它们总会让我想径直回家，钻进厨房里做点儿什么。这家店铺有一种空间感，时间在这里似乎都静止了。

关口女士早年长期接触西方文化，在创立品牌前，曾致力于将美国的生活物品出口到日本，现在则主要与立陶宛供应商打交道，生产自己设计的亚麻产品。这使关口女士的时尚选择更易于被大众接受，因为把这些时尚选择放在一间日本寓所中似乎与将其放在旧金山的一间小公寓或伦敦的一套大别墅里没有什么两样。

当我请她简短地评价一下自己独特的风格时，她告诉我："这是一种简单的风格，追求极简，又很有条理。欧洲的经销商告诉我，我展示产品的方式有一种独特的日本味道。我喜欢安静的中性色调，有时会依据季节在服饰上使用高光色彩。我的目标是创造安静的产品，其自身就可以平缓地融入人们的生活和居室，并带来一丝不易察觉的从容。在生活中，我喜欢使用自然材料，比如亚麻、棉、木材和某些金属材料，而不用塑料制品。这符合我的个性，也契合了我对简单事物的喜爱。"

每当我走进关口女士的店铺，我总能得到一些启发，从而让自己的橱柜变得更开放，扔掉一些物品，只把自己最爱的物品展示出来。当我们不再把橱柜仅当作储物工具，而是把它看成存放珍宝的容器时，令人惊叹的变化就会出现。整个房间不再把你包围在其中，而似乎变得开放起来。

这一次，当我从东京回来后，我把亚麻围裙挂在一个随时可以看到的挂钩上，只在窗台上简单地摆放了几本烹饪书、几只复古花瓶和几张老照片，我给餐桌铺了一块自己最中意的桌布，在餐桌中间摆了一只花瓶，在里面插上几朵野花。所有这些，只需要花几分钟，也没有额外的开支。完成以后，我突然很想钻进厨房，为自己的小家做些可口的饭菜。

## 关于整理的几个重要提示

很多文献资料都表明，整理空间除了可以节约时间和金钱，还可以帮助我们整理思维。你可以在自己的家中尝试一下，以下提示供你参考。

1. 参考居室整理专家近藤麻理惠[17]的做法，先把家中的物品分成几个主要类别，并列出清单，比如书籍或者玩具。然后，选择其中一个类别，把家中所有属于这一类别的物品都收集到一起。接下来，只把其中你需要的或真正喜爱的物品挑选出来，把剩余的处理掉（可以卖出、送旧物回收或捐赠）。如果你家中的物品摆放凌乱，到处都是，那么这种做法会让你觉得头大，不过，这么做意味着你在根据事实做出决策。当你发现自己有 5 顶太阳帽，但每年只去一次很热的地方时，处理多余物品立刻就变得不那么困难了。最后，当你要把留下来的物品收起来时，尽量把相似的物品放在一起，这样，你将来就可以很容易找到它们。
2. 思考一下哪些物品是可以用科技来替代的，比如用音乐 App（手机软件）来听音乐，而不再买实体专辑；只把几张有特殊意义的照片冲印并摆放在显眼位置，其他照片都只保留电子版；用电子阅读器来阅读自己最喜爱的书，甚至干脆去图书馆读书。
3. 思考一下哪些东西可以留在记忆里，而不是展示在橱柜里。

举个例子，如果一位远方亲戚离世，而你收到了与这位亲戚有关的满满一箱东西，那么你可以选择其中一件作为纪念，处理剩余的东西。

4. 把堆积如山的文件和纸张都收集起来，然后分成三组：要处理的、要归档的、要扔的。对于要处理的，用一个下午来把每一份文件都处理完，真的是每一份，不能给自己任何借口忽略其中任何一份；对于要归档的，想办法把它们扫描成电子版保存起来，并做好备份，然后把原始文件粉碎后扔掉，除非是按照法律要求需要保留原件的文件，比如房产证等相关文件；对于要扔掉的，把带有个人信息的文件粉碎，其余的可以送到垃圾回收站。把这三类文件和纸制品都处理妥善后，你可以再选择一个地方来存放从现在开始新产生的各种文件和纸制品，然后确定一个固定的时间把它们按照前面的步骤分类处理。
5. 丢掉的一件衣服、一页纸或者一个玩具，会像磁铁一样让你下定决心丢掉更多东西。建立一个简单的体系可以让干净整洁变得更容易。
6. 让住在一起的家人跟你一起整理，让整理变成一件有趣的事。
7. 别忘了整理手提包和钱包。不要忽略这两处空间，你每天打开手提包和钱包的次数可能比去家里任何一个房间的次数都要多。

## 空　间

尽管普通日本人居住的房子并非出自建筑设计师之手，但是日本建筑的原则仍蕴含着宝贵的内涵，可以让我们获得一些灵感来设计自己的居住空间。为了对这一方面有更进一步的了解，我找到了日本著名的建筑历史学家松崎照明博士（Dr. Teruaki Matsuzaki），他把日本建筑的主要特点归纳如下。

- 空间（Ma，间）[18]
- 自然及建筑内外之间的联系
- 一种美的感觉
- 对光和影的理解
- 对材料的谨慎选择（质量、来源、材质、气味）
- “少即是多”的概念

松崎老师也提到了真希子所描述的那种认为顾客也为自己的陶艺产品之美发挥了作用的感觉。他说，美学精神的关键是创作者在创作的时候要留下一些未完成的内容，从而让欣赏者参与其中。优美的文字总有一些没有落在纸面的深意，因此读者可以用想象去补齐。美好的艺术品也总有一些地方等待解读，因此欣赏者可以带着好奇心去解读。建筑和室内装饰也是如此。尽管很多设计杂志里的建筑看起来很“完美”，但完美和完整其实并不是理想状态。松崎老师说:“创造空间的终极目的是居住和使用,如果一块空间不能很好地实现这两个目标,那就不能算是成功的。”

对于自己的家,我们可以从这段话里得到什么启发呢?在自己家中,我们可以创造空间,可以把自然请进来,可以决定什么是美的,并将它们整合。我们可以对光和影都有所感知,可以选择材料并精心使用,还可以通过各种选择,让自己与真正所爱之物生活在一起。

## 整理空间,一次仅专注于一个房间

如果在刚开始整理时就能取得令人满意的效果,那么我们就会更加热情地继续下去。因此,我一直坚定地认为,一定要从最常见的物品开始整理。先整理主要物品(书籍、衣服、玩具、文件等),可以运用前文介绍的各种方法。然后,可以在家中或者工作的地方尝试下面所列的部分做法,而且每次只专注于一个房间。

1. 把地板清空,不留任何物品。
2. 把所有台面都清空,不留任何物品。
3. 把所有墙面都清空,不留任何装饰品或悬挂物。
4. 再慢慢把清走的物品拿回来,同时问自己下面几个问题。

- 当置身于这个房间时,我希望有什么样的感觉?什么样的颜色组合可以让我有这样的感觉?(思考一下本章前面分享过的品位轴,同时考虑侘寂般的风格和颜色是如何给房间增添一点儿从容的感觉，增加一些温暖和特色的。）

- 这个更清爽、更空旷的空间有哪些地方是我喜欢的？哪些地方是我希望保持空旷的？（如果你想重新粉刷一下房间，此时是个好机会。）
- 对于墙面，我能做哪些不一样的处理？怎么做会比较特别？哪些是有特别意义或有特殊回忆的？（你可以把很多有意思的物品放到画框里挂起来，比如地图、明信片、名言警句、孩子的涂鸦、自己的艺术创作、海报、茶巾或围巾、好看的包装纸、干花等。）
- 家具要怎样摆放才可以充分利用这块空间？这些家具适合这个房间吗？（如果有不适合你的物品，那此时就是卖它们的好机会了。接下来，去逛逛跳蚤市场、旧货商店或者独立家具制造厂牌的商店，找找灵感，看看应该用什么样的东西替换，或者尝试自己动手对不合适的物品进行升级改造。）
- 在自己已经拥有的物品中，哪一件可以给这个房间带来美？哪一件可以带来故事感？哪些是可以改变用途的？有了答案以后，把这些物品按照不同的功用分组，慢慢地拿回房间里来。
- 我怎样在这个房间里增加自然的元素，怎样引入更多天然材料？怎样在这个房间里反映季节更迭？
- 我怎样在墙面、家具、地板、天花板等几个地方使用不同的材质？（比如织物、纸或者表面粗糙的材质。）

- 如果你喜欢读书，那么如何在房间里摆放书籍？（比如，放在柜子里，或者把它们摞起来变成一张小边桌，或者把书堆成几堆，在最上面摆些物品，增加装饰性。）

5. 现在，看看从这个房间里清出来而又不打算再放进去的那些物品。可以用本章前面介绍的方法对它们进行整理分类。
6. 在记事本上记录一下，每一季都像这样整理一下这个房间里的物品，让房间重新焕发活力。当然，如果你愿意，也可以每个月都整理一下。
7. 等到所有工作都完成了，在自己所创造的美妙空间里享受一杯热茶吧。在此之后，就可以转战下一个房间了！

## 灵 活 性

在城市郊区或乡村地区，人们通常都住在更为传统的日式住宅里。这些住宅大多是木制建筑。建筑的墙体都很薄，通常都可以灵活改动，以保证最大限度地利用空间。铺着榻榻米的房间通常都是多用途的，可以从一个休闲放松的空间分别转变成用于冥想、就餐和睡觉的空间。门和桌子都可以移动，你还可以把日式床垫摆出来或者收起来，便于在这里招待宾朋，或享受远离人群的独处时光。

为了对灵活性有更深入的了解，我找到了我的一个朋友——Suwa 建筑设计公司首席执行官真田大介（Daisuke Sanada），我在他的家中待了一段时间。身为木匠的儿子，真田先生在东京近郊的一个小镇上亲自动手建造了自己的家，整个过程只有几个木匠朋友帮了些小忙。真田先生与身为室内设计师的妻子沙也加（Sayaka）和其他家人一起居住，他们的房子不大，却是一个经过精心设计的美丽空间。

真田先生是一位著名武士的后人，他非常重视传统，而且对日本历史文化遗产方面的知识有着深厚的了解。他把这些都融入自己设计的建筑中，同时还结合了现代人的眼光和自己对舒适空间的喜爱，这些都有助于居住在同一座建筑中的人们加强彼此之间的联系。

真田先生的家比两层楼要高一些，前部空间为两层通高，最上部是手工精心制作的日本杉木斜屋顶，同时，房子的一侧开了一扇巨大的三角形窗户，这让外面的树仿佛变成了房子的一部分。这个开放的空间是大家日常活动、做饭和吃饭的地方，其中有一块区域是垫高了的榻榻米，旁边是一个烧木柴的暖炉。真田先生的宠物狗非常喜欢窝在这个暖炉旁边，这里也是主人早上起来做瑜伽或者在冬日的午后小憩一下的理想位置。这个房间里还有一个简单的木质餐边柜，里面随意摆放着几个满是裂纹的弥生时代（Yayoi period）的罐子，它们都是从真田先生朋友的稻田里挖出来的。在这个有 2 000 多年历史的小镇上，人们都把这样的罐子当作简单的花瓶来使用。而在真田先生家中，这些罐子并不像博物馆藏品一样被束之高阁，而是给一家人的日常生活带来了享受。

这栋房子一层的后部是卫生间、卧室和储藏间，还有一架梯子，通往楼上的休闲区域和位于夹层的卧室。楼上的空间通过灵活的家具实现了分隔，比如可移动的书柜和从房顶垂下来的织物窗帘，这使人们可以根据每天不同的需求来创造私密或是公共空间。这一系列的设计使这个家非常温馨，也使真田先生及家人可以在家中享受自己想要的生活方式。所以，整栋房子很时尚，也很实用，并且实现了“深入灵魂的简素”。

真田先生与我花了几个小时来讨论反差和关系在日本人生活中的价值，比如如何在紧张的情形中发现美、光与影、喧闹与安静、简素与细节、令人赞叹的与平淡无奇的、存在与缺失、自由与限制、侘和寂。我们讨论了日常生活中的美是如何出现的，比如在谈话的过程中，在一生的时间里，在林中散步的过程中；我们还讨论了一切事物是如何彼此相关联的，包括存在于特定空间中的一切、内在与外在的一切、我们周遭的环境与自己的想法中的一切、人们彼此的关系中的一切，以及处于自然之网中的我们自身的一切。

对我们来说，即使没有住在传统日式建筑中，也仍然可以从这些观念中得到启迪。我们可以通过摆放家具、悬挂挂毯、搭隔板等方式来把空间隔开，也可以根据自己对空间用途的规划来定期移动这些物品，表明对这一空间的美化一直在进行，而我们也并没有想要追求完美。不管是什么时候，只要我们有兴致，我们都可以重新粉刷墙面，更换摆放的物品，增加一些应季的鲜花植物，让空间焕然一新。

请留意，在一个房间中，不同的物品是怎样相互影响、交相辉映的，它们又是怎样与空间、与生活方式相互成就的，也请留意自己在此之中是如何居住的，而这个房间又让自己产生了怎样的感受。

请记住：实用、简素、美，还要有故事。

### 如何进行深入灵魂的采购

随着多余的物品越来越多，浪费的现象越来越严重，攀比文化也日益侵蚀着人们。在这种情况下，如何才能下定决心做出不一样的选择呢？如何才能像千利休一样成为安静的激进派呢？如何才能倡导一些更为真实的东西呢？

最深入灵魂的采购几乎不需要任何花销，但可以给自己已经拥有的物品增添更多自然之美。与其花钱去买，不如试着到大自然中去，把森林的各种馈赠收集起来，或者用自己的双手去创造。

在考虑购买新的物品时，你可以问自己以下几个问题。

- 我真的需要这个东西吗？我是不是已经有了类似的东西？我真的会用到它吗？
- 我喜欢这个东西吗？到明天的这个时候，我还会想要它吗？到明年的这个时候呢？渴望总会产生美，我能不能等一段时间以确定自己是不是真的想要这个东西？

- 这个东西在现在这个季节用得上吗？（还是说，我购买这个东西只是想抓住过去，或者只是迫使自己变成一种特定的模样？）
- 如果把这个东西与我已经拥有的其他物品放在一起，能够和谐吗？
- 这个东西可以让我更灵活地使用空间吗？
- 我可以借到或者用旧物交换的方式免费得到这个东西吗？
- 我会处理掉什么东西来给这个东西腾出空间？
- 要买这个东西，我会有哪些花费和牺牲？值得吗？
- 这个东西是由天然材料制成的吗？如果不是，那么有没有用天然材料制成的？
- 如果有另外一款同样的东西，更耐用一些，但是要稍稍多花一些代价才能获得，这样值得吗？

## 自 然

在受到侘寂启发的家中，自然是一个核心元素，因为它与侘寂哲学最核心的部分相连，让我们不要忘记生命的短暂。我们将在第3章中详细地探讨自然和季节。现在，思考一下如何给自己的家增添更多天然材料吧，比如竹子、黏土、石头、生锈的金属、手工纸、用天然纤维织成的布料，以及带有粗糙纹理的木材。我最中意的宝贝就是一只用来存放木柴的旧木质米桶。要开动脑筋，打开思路，升级改造旧物，改变其用途，再去逛逛跳蚤市场、旧货商店或二手货商店。时间往往会给天然材料带来厚重感和美，所以不要先入为主地认为一定要买新的。

自发创造也是要被鼓励的。我常常会给盆栽加一些油，然后把它们养在金属容器里，再挂在厨房里。我也会用和纸胶带（用日式纸做的低黏度胶带）把一些掉落的自然珍宝贴在墙上，或者把一些照片简单地拼贴一下，再挂到墙上，旁边再用孩子们的涂鸦来点缀。

插花可以点亮整个空间。试着在插花盛开之后继续保留一段时间，并留意它们在凋谢过程中所产生的美。增加一些野生的元素也会让人觉得神清气爽，比如用一些野花或者野外拾得的艺术品，甚至是一些好看的杂草做装饰。走到户外去吧，看看这个季节的大自然有哪些馈赠。去森林、树林、灌木丛、海滩看看吧，看看这些地方有什么东西是可以带回家的。飘落的树叶、莓果、板栗、松果、豆荚、贝壳、浮木、羽毛，这些都反映了大自然和侘寂的精髓。

尝试找一些这样的天然物件，把它们放在一起，组成装饰物，摆在家中的角落，旁边也许还可以摆上几本自己最喜欢的书、一些旧玻璃杯，或是古董打字机和一卷旧丝带。比如，把一小枝浆果放进一个小罐子里，从自家的花园里捧一小捧雪，或是用掉落的树枝挑起一盏彩色小灯，这些都可以成为令人赏心悦目的装饰。

## 细　节

在日本，对细节的关注随处可见。在咖啡馆、商店、家、寺院和神社里，甚至是各种公共空间里，总有人会注意加入一些小细节。这些细节让空间变得更好，也让你在身处其中时更有归属感。

在我住的房子里，楼梯旁边有一扇两层通高的窗户，窗前一直挂着又长又重的窗帘。在我们搬进来的时候，窗帘就已经挂在那里了，我一直不愿意拆掉，因为它们看起来像是前房主花了不少钱制作的，如果拆下来就浪费了。但我每天都要上上下下经过楼梯好几次，每次经过这些窗帘时，心里总会有些不满。最后，我意识到自己其实很可笑。现在我已经是房子的主人了，可以按照自己的想法来使用它。因此，我就把窗帘拆了下来。

拆下窗帘后，走廊立刻就被自然的光线照亮了。接下来，我发现在一天中的不同时刻，这些窗户都会在地面上投射出有趣的阴影。现在，我们可以看到窗前进深很大而又宽阔的窗台了，我找出一只旧的杂色陶制清酒瓶，那是一个朋友在我离开日本时赠送给我的礼物，现在我把这个瓶子当成了花瓶，从花园里摘了一枝花插在里面，然后将它摆在了窗台上。在它旁边，我又摆放了几颗从海滩带回来的卵石，它们都是孩子们在一个大风天里用自己的小手寻到的宝贝。最后，我在旁边放了一张简单的明信片，上面写着：“平凡之中蕴含美。”

我把自己做的这些小装饰都放在了窗台的右手边，左手边的空间仍然是空着的。时不时地，我会把花和明信片换一换，把石头重新堆一堆或者换一种摆法。这是我自己欣赏的一种美，而且每当我经过楼梯时，这些总会给我带来片刻的宁静。

审视一下自己的家，看看在哪些地方可以创造这些源源不断的真诚和美。

## 受侘寂启发的整理家的 10 条原则

关于受侘寂启发的家的样子，我总结出 10 条关键原则。尽管侘寂般的物品在其中发挥了一些作用，但它们并不是全部。在总结的过程中，我以侘寂哲学为指导。如果你的家像是一件还没有完工的作品，那也完全没有问题。现实生活并不会像设计杂志一样。家是用来居住的，所以，不需要等到一切都完成了才邀请朋友们到家里欢聚。

1. 尽可能地利用入口处的空间，也就是被称为玄关的那块空间。把当季不穿的大衣收起来。请来访者按照日本人的方式在门口脱鞋（尝试让与你同住的人也形成这样的习惯）。把鞋子都放在置物架上或者鞋柜里，或者也可以放在台阶下面。如果地板很凉，你可以为客人提供室内拖鞋，这会让房间更加干净，也会让客人立刻产生一种舒适、熟悉的感觉。
2. 整理可以为你节省时间，让你少花钱，还可以帮你腾出空间来欣赏自己真正喜爱的事物。然而，机械地追求极简主义就是另一种追求完美的表现。你可以用追求“深入灵魂的简素”来代替。请记住，我们期待的空间是干净整洁的，同时它又能让人感到温馨。

3. 在家中尝试使用由天然材料制作的物品，比如由木材、黏土、石材制作的物品；也可以尝试用天然面料做成的床品、衣物和厨房用品。看看这些物品是如何给家增添一丝特色和从容的。各种不完美、不对称、不平滑的表面是眼睛和想象力的最爱。
4. 思考一下用什么——比如鲜花、树枝、豆荚、羽毛、树叶、贝壳、卵石、手工做的花环、编织的篮子等——可以把真正的自然引入自己的空间，然后亲自动手去寻找和设计。用这些来自大地和海洋的馈赠创造属于眼睛的诗意，并体会在这个过程中产生的乐趣。
5. 不要忘了有光就有影，留意一下一天之中光影的对比使空间发生了怎样的变化。如果昏暗的光线甚至是黑暗刚好符合当时的季节或者你的心境，那就欣然接受它们。
6. 在属于自己的空间中，把 5 种感官都考虑到。当然，这取决于你住在哪里，属于你自己的空间又是什么类型的。不过，考虑全部感官其实可以包括很多，从打开窗户让微风吹过，到给家具铺上有纹理的织物，到喷洒精油让香气弥漫，再到播放令人放松的舒缓的音乐。你甚至可以把味觉也考虑进来，比如把水果和蔬菜加入本就简单的装饰中，或者用它们给餐桌增加一些细节，让餐桌多一些特别的味道。
7. 把你钟爱的物品都找出来，装饰属于自己的空间，并用故事和回忆来浇灌它们。对比一下过去和现在、脚踏实地和天马行空、平淡无奇和与众不同。只要有可能，就要创造性地对待已经拥有的一切，也可以开动脑筋给旧物找到新的用途。

8. 思考一下物品之间的关系和视觉上的和谐有多么重要。把一件物品摆放在一个房间或一个空间中，如果把房间或空间中的其他物品也考虑进来，那么这件物品看起来会如何？会给你带来怎样的感觉？房子里的窗户和走廊框住了怎样的景色？如果没有窗户或走廊的限制，完整的视野是怎样的？哪些景色受到了窗户和走廊的遮挡，暗示着视野之外还有更广阔的天地？哪些不同的材质给这个空间增添了特色和温馨的感觉？
9. 在意想不到的地方创造一些小小的美的角落，比如把一个小花瓶摆在窗台上，把手写的字条放在浴室里，或者把照片放在相框里，将它挂在台阶下面。
10. 留意一下，在不同季节及生命的不同阶段里，你对空间的使用会有何不同。

## 分享空间

19 世纪，拉夫卡迪奥·赫恩（Lafcadio Hearn）[19] 写下了一段对于日本的著名评论，他说："日常生活中最常见的事情都被礼仪美化了，而这种礼仪看起来是那么朴实、完美，让人觉得似乎是自日本人内心深处迸发而来的，而不是刻意教授、训练的结果。”[20] 这种关注当下及接受者的需求正是日式待客之道的核心所在。

你如果在日式传统小旅馆居住过，就会知道这些旅馆都会让人产生一种非常放松的感觉，但这种感觉并不只是来自日本杉木澡盆里让人感到治愈的洗澡水，或是日式床垫所带来的舒适的温暖，而是来自旅馆里人们的以礼相待和于无声处的关注，以及蕴含在日语短语“goyukkuri dōzo”（不着急，请慢慢来）之中的精心关怀。

“一期一会”（ichi-go ichi-e ）是颇受人们喜爱的一个词语，茶室壁龛里常常悬挂着写有这 4 个字的书法卷轴。这个短语的意思是“这一次的相遇，仅此一次”，常常用来提醒人们珍惜自己的这一段经历，因为一辈子仅此一次。如果在日本，有人请你到家里做客，无论多么随意，你都有可能觉得受到了不可思议的礼遇和招待。这种亲切而真诚的热心款待并不仅仅体现在为你提供的餐点和饮料上，还体现在客人进门时主人的热情欢迎，做客期间主人对细节的关注及主人的陪伴。主人可能说：“请开动吧。”作为回应，你可能会鞠个躬，然后说：“我恭敬地接受您的款待，并且深表谢意。”这是一种很可爱的仪式，在此之后，主人和客人就可以开始共同进餐了。

源自侘寂的热情款待并不是说要有一栋完全整洁干净的房子，里面都是出自设计师之手的家具，还有行为举止完美得当的孩子。源自侘寂的热情款待是把自己的家用一种放松而又体贴周到的方式与请来的客人分享，并且始终关注客人的感受。同时，也不能忘记茶室是侘寂的化身，这种化身通常不是很大，装饰朴实、一尘不染，而且除了为客人准备的物品，别无他物。这让我们认识到，要让属于自己的空间在我们日常生活中力所能及的范围内尽可能地保持干净、整洁、温馨。

想想那些用来形容视觉上的侘寂般的风格的词语：自然的、简陋的、低调的。与这些相反的是整个晚上都把自己困在火热的灶台旁，只为了做出一桌极为讲究的六道式晚餐，好让朋友们赞叹。在这个过程中，你可能因为把主菜烧焦了而发疯，因为忘记准备一种调料汁而烦躁，而且最终因为这些错过了与朋友们真正的交流。

在小细节上花些心思，让请来的客人感到宾至如归，比如提供他们最喜欢的饮料，在餐桌上摆上鲜花，铺上自己一直珍视的如传家宝般的桌布，准备营养丰富的食物、舒适的拖鞋，以及轻便的盖毯，以备在清冷的夜晚遥望星空。真正重要的是关注，是聆听，是分享当下。

关于简化和美化：源自侘寂的智慧

- 情人眼里出西施。
- 当意识到自己注定不完美时，你就不再需要那么多物质来提升自我形象。

- 深入灵魂的简素是快乐的源泉。

## 实践时间：尝试一下深入灵魂的简素

找一个笔记本，把你关于下面几个问题的想法都记下来。

- 属于你自己的物理空间让你产生了怎样的感觉？你最喜欢这个空间的哪些方面？哪些方面是你希望改变的？
- 你拥有的哪些物品已经超过了实际所需？
- 你有怎样的积累习惯？这些积累习惯反映了你怎样的生活习惯？
- 在你拥有的物品中，哪些是你中意的，而且可以在日常生活中更多地使用？
- “日式之美”和“深入灵魂的简素”这两个概念的哪些方面让你得到了启发？在属于自己的空间里，你会怎样运用这些启发？
- 如果你可以放弃生活中的一样东西（可以是物质的，也可以不是），那会是什么？放弃这样东西会让你的生活有什么不同？如果你对美和“深入灵魂的简素”已经有了更深入的感知，那么这种感知是如何支持你放弃这样东西的？
- 生活中还有哪些是你希望简化的？
- 你真正需要的是什么？

# 第 3 章

## 与自然共生

日本有众多自然珍宝：高山、火山、温泉、亚热带海滩，以及堪称全球最佳的雪。这些珍宝每年都吸引着数以百万计的游客。人们在每一处都能感受到自然和季节的变化。人们并不只是欣赏自然，而是住在自然之中，用自然之物作为自己的名字，享受自然提供的珍馐，把自然穿在身上，并在自然的指引下度过一生。

## 与自然的联系

我穿着袜子、拖着小碎步走着，跟在一位身着作务衣[①]、头戴小布帽的禅宗僧侣身后。这位瑞峰院（Zuihō-in Temple）的僧侣拥有深邃的智慧和满腹的故事。在这样一个安静的地方，我觉得自己不该

① 作务衣（samue），寺院工作服。——译者注

问这么多问题，但这位僧侣确实太令人着迷了，让我完全无法停止发问。我提前预订了到茶室里参加茶道的活动，这间茶室是为纪念千利休逝世400周年而建的，完全复制了千利休最初打造的那间茶室的模样。我们经过了一段木制走廊，便停了下来，一起欣赏走廊外简单的枯山水。这时，僧侣注意到了拐角处的另外两位游客。

其中一位男子穿戴整齐、衣着光鲜，他拎着一只镶嵌着银色铆钉的手提包，但眼神中却流露着疲惫。从喧闹拥挤、霓虹闪烁的东京到京都这个安静的寺院，这位游客乘坐子弹头列车，只花了几个小时就实现了，不过此时他看起来有些迷茫。僧侣便走上前去与他攀谈。

“你是从银座过来的吗？”僧侣问道，语气中透露着出人意料的熟悉。

“不是，我从赤坂来。”这位男子脱口而出，充血的双眼看向自己的女朋友，仿佛是在确认自己说得对不对。他的女朋友看起来也是筋疲力尽。

“你做什么工作？”僧侣很想知道答案。

“我在商业传播领域工作。”这位游客答道。很明显，他并不能理解为什么自己要在枯山水园林里与一位禅宗僧侣讨论自己的职业。

“啊？那是什么工作？你指的是广告？卖东西？”

“呃，是的。”这位来自东京的男子答道，很不自在地低头看着自己穿着长袜的双脚。

僧侣对这位男子的职业选择所持的态度已经相当明显了，与其说那是一种评判，倒不如说是表达了对这位男子的同情，这位男子很明显要工作到深夜，而且很可能要靠能量饮料和深夜拉面才能活下去。

“我认为在寺院里待一会儿会对你很有益处。”僧侣说，说完又转过头来问我，“你介意吗？”

本来我预约的是单人参观，但现在这样，感觉就像是三个疲惫的旅人聚在一起，想要得到茶室里的宁静。

“当然不介意。”我答道。

于是，僧侣带着我们三人，快步走进了茶室。这是我所见过的最小的茶室，完全由木材建成，每一块木板都经过精心挑选，这使这间小小的茶室看起来很精致。在茶室里面，朦胧的阳光透过纸糊的窗户洒进来，在空中徘徊，徒劳地寻找着尘埃微粒。房间的角落很暗，然而挂在日式壁龛里的挂轴却似乎发着光。

在这个有着上百年文化和历史的私密空间里，我打破了沉默，向僧侣请教了有关侘寂的问题。

僧侣停顿了一会儿，歪了一下头，答道：“侘寂是自然，它指的是事物处于自己自然而又真实的状态，仅此而已。”

来自东京的男子缓缓地点了点头，脸上露出了赞同的表情。“原来如此。”他说道。“我明白了。”接着他又说，“为什么我跑了这么远，等了这么多年，直到一个外国人提出了这个问题，我才找到了答案？”

# 日本人对自然的热爱

就算有了僧侣的解答，要解释侘寂与自然之间的联系仍然是个超乎想象的挑战。这就像尝试用显微镜观察事物，靠得太近，视野反而会模糊。侘寂的世界观是依据有关自然和生命周期最基础的真理来判定的。创造出侘寂的这个民族一直都认为自己是自然的一部分，而不是与其分离开来的。然而，由于侘寂和自然之间的联系特别紧密，当试图用语言来描述时，我们就只能得到这种模糊的看法。要更清晰地理解这种联系，我们必须暂时抽身，把显微镜重新对焦，同时调整自己的眼睛。

根据《剑桥英文词典》（*Cambridge English Dictionary*）的解释，“自然”是“世界上所有动物、植物、岩石等，以及所有不依赖于人而发生或存在的特点、力量及过程，比如天气、大海、高山、动植物的繁殖和生长”及“产生实体生命、有时会被当作人一样来谈论的一种力量”。[1]而在日语辞典《广辞苑》中，也就是日本的“剑桥词典”中，关于“自然”的定义很简单，就是“事物处于自己应有的样子”。[2]

从本质上来说，对侘寂的体验是一种对美的直觉回应，这种美反映了事物处在其应有样子时的本质。也就是说，这种美让我们意识到一切事物都是短暂的、不完美的，也是不完整的。当有自然材料存在时，人们通常会产生侘寂的体验，这就是为什么人们在大自然中会产生如此强烈的感受。这种美提醒我们自己是某些奇迹之物的一部分。侘寂把我们从待办事项清单、日常琐事和各种管理事务造成的迷雾中暂时拯救出来，为我们举起了一面可以照出生命之壮美的镜子，在这面镜子里，我们也瞥见了自己的身影。

森林并不在意你梳什么样的发型，高山也不会为任何官职所动。不管你在社交媒体上关注了谁，每个月赚多少钱，受不受欢迎，河流都会照常流淌；不管你犯没犯错误，花朵都会照常开放。这就是自然本来的面貌，而自然也正是用这种面貌来接纳你，接纳那个本来的你。

体验侘寂的能力让我们与这些真理重新建立了联系，让我们可以在当下体会到被无条件接受的感觉。

## 自然对文学、艺术和文化的影响

我曾向一位日本教授请教“与自然共存”（living with nature）应如何翻译，他建议翻译成“shizen o mederu”（自然を愛でる），也就是“热爱自然”。

这种对自然特别的热爱起源于古时候的宗教。在过去的上千年间，这种热爱对艺术和文学产生了深远影响。时至今日，自然仍然影响着日常生活中的韵律和仪式，而且在日本，人们特别关注季节的交替。

十几岁的时候，我把松尾芭蕉的一首俳句钉在了自己卧室的墙上。诗句写的是："第一个冬天下雨了。从此时起，我的名字叫旅人。"[3] 只用了寥寥几个词，这位天才诗人就抓住了我想要冲出卧室、去外面广阔而疯狂的世界探险和发现的想法，同时仿佛把我带回 17 世纪日本一个湿冷的日子。

《源氏物语》是世界上最早的一部长篇小说，1 000 多年前由紫式部（Murasaki Shikibu）写成，小说里随处都是对自然和季节交替的描述。同样，清少纳言（Sei Shōnagon）写于同一时期的《枕草子》开篇第一句话就是那句著名的"春天是破晓的时候最好"（Haru wa akebono）。[4] 在这本著名的平安时代宫廷日记里，开篇部分就是对作者最为钟爱的四季特色分别进行详细描写。在这本书剩余的部分中贯穿始终的是对自然的描写。在 10 个世纪后的今天，这本《枕草子》仍被奉为经典。

日本的自然写作并不只是强调一种地点感，同时还强调一种时间感。带来这种时间感的是对"无常"的季节性描述或暗示及对"无常"的种种观察。这种"无常"会通过两种方式表达出来，一种方式是避免让某些过去曾存在而现在不再存在的事物出现；另一种方式是运用转瞬即逝的概念，也就是某些事物现在存在，但很快将不再存在。

日本最有影响力的诗人之一藤原定家（Fujiwara no Teika，

1162—1241）描写季节时通常都是用情绪的粗壮藤蔓把自然和文学交织在一起。从江户时代的大师葛饰北斋（Hokusai）的浮世绘到当代宫崎骏（Hayao Miyazaki）吉卜力工作室的电影，自然在日本艺术作品中随处可见。

日本建筑也同样深受自然的影响，就像本书第 2 章中讨论过的。经过人工修饰的自然也扮演着重要角色，在日本许多文化传统中都处于中心地位，比如插花艺术、盆景栽培、茶道等。日本民族乐器尺八是一种用竹子做的笛子。在熟练的演奏者手中，尺八可以模仿许多自然中的声音，从潺潺的流水到呼啸的狂风，从嘎嘎叫的大鹅到瓢泼的大雨。

日本人在开始写作之时就开始了有关自然与季节的写作。

## 语言中的自然

在日本的人名和地名中常常会出现与自然有关的词语。快速扫视一下日本地图，就会发现秋田（秋天的稻田）、千叶（一千片叶子）、香川（芳香的河流）等诸如此类的地名。

近些年来，最受欢迎的男孩的名字包括朝阳（Asahi，早上的太阳）和晴（Haru，好天气），而最受欢迎的女孩名字则包括葵（Aoi，蜀葵）、杏（An，杏）及美樱（Mio，美丽的樱花）。[5]不仅名中包含与自然有关的词语，在日本人数最多的十大姓氏中，我们发现了小林（Kobayashi，小树林）和山本（Yamamoto，高山的起源）这样的姓氏。[6]

对自然中的一些特定事物，日语中都有很美好的词语来描述，比如 komorebi（木漏れ日，意为从树叶缝隙照进来的阳光），形容阳光透过树叶照到树下的地面上；Kogarashi（木枯し）描述了冬季里一种特定的风。对于雨，日语中至少有 50 种方式来描述。拟声词在日语中应用广泛，其中一些就用于表达与自然有关的声音。Zāzā（沙沙）描述的是雨点重重地砸下来的声音，kopokopo（咕嘟咕嘟）表达的是水面上泛起泡泡的声音，而 hyūhyū（咻咻）则是嗖嗖的风声。

在日语中，有一整套可以在诗歌中使用的描写季节的词汇，还有各种指南教人们在书信和电子邮件里使用应季的问候用语。最近，我收到一位日本男性朋友寄来的一封信，信中第一段是这样写的。

> 你好，贝丝，过得好吗？昨天，水仙开始开花了，樱花也快开了。今天早饭，我们吃了从花园里割的韭菜，非常美味，我们感到春天已经来了……

以此类语言开头的文章，最美之处在于它们可以通过作者对当时体会的季节细节的描述来打开一扇展现作者生活的临时窗口。短短几行字就可以把你传送到一棵棕榈树下斑驳的阳光里，去体会温暖，或者把你传送到一个被炉前，双腿塞到被炉下，吃着无核小蜜橘，看着窗外的雪花静静地飘落下来。

## 季节的韵律

创造属于我们自己的季节性传统，是顺应自然韵律的好方法，同时，也让我们意识到自己生命中的时间流逝。

我曾在日本乡下生活，关于这段日子，我最美好的记忆就是邻居坂本婆婆（Sakamoto-banchan，属于当地方言）叫我帮忙制作干柿子。这位将近 90 岁的老妇人非常可爱，她告诉我，把成熟的柿子摘下来后，可以用一根很长的细绳把茎秆绑在一起，然后挂在一根竹枝上。在这之后，就是等它们变干。第一周不能碰它们，但是在接下来大约三周的时间里，可以定期轻轻地揉一揉它们，这样可以使果糖到表面上来，让柿子干最终看起来像是已经蘸过了一层糖。（品位提示：干柿子配绿茶很美味。）

从还是个小女孩的时候到现在，在这 80 多年的时间里，坂本婆婆每年都会举行这个准备食物的仪式。对她来说，干柿子就是秋天。

## 与侘寂的联系

那么，这些与侘寂又有什么关联呢？是一种不易察觉而又美丽的关联，有种“komorebi”的感觉，也就是阳光透过树叶缝隙照进来的感觉。

自然灵感的每一道光芒都在用尽其短暂的美丽来提醒人们去关注和欣赏此时此地所拥有的事物。如果造访日本，你很快就会意识到，四个季节，也就是春夏秋冬，[7]早已编织进了日常生活的“纤维”中。春天樱花盛开，随之而来的是各式赏花聚会；夏天有很多祭祀活动，人们穿上和服，沿着河边，一边漫步，一边寻找萤火虫；秋天则轮到了赏月和赏枫叶，特别是在华灯初上后，令人记忆最为深刻；冬天散发出的则是白雪那安静的美。从食物到装饰品，从衣着到祭祀活动，即使是在其中最细微的细节里，也蕴含着不同季节的痕迹。

我猜想，正是因为这些习俗、仪式、传统及日常生活中数以千计的类似细节非常重要，侘寂才会如此根深蒂固地扎根于日本人的心中。

## 标 记 时 节

日本人自古就对季节格外关注。根据日本传统历法，一年其实有 24 个小季节，称为节气（sekki），每一个持续大约 15 天；还有 72

个微型季节，称为 kō①，每一个持续大约 5 天。[8] 日本传统历法最初在公元 862 年从中国被传入，到了 1684 年，宫廷天文学家涩川春海（Shibukawa Shunkai）根据日本当地（特别是京都及周边地区）的气候进行改良后最终形成。[9] 每一个小季节和微型季节都有一个名字，生动地表达了在这些具体的节点中自然界都发生了什么。

接下来，用我最喜欢的微型季节的名字快速领略一下四季的更迭吧："东风解冻""黄莺睍睆""云始䨓""樱始开""蚕起食桑""麦秋至""温风至""土润溽暑""蒙雾升降""禾乃登""玄鸟去""霜始降""朔风拂叶"。[10]

季节就像一个侘寂节拍器，持续不断地提醒人们回归当下，去关注、去品味、去珍惜。

### 帮助你顺应自然的问题

不管是在一年之中的什么时间、身处世界的哪个角落，你都可以用下面罗列的这些小提示来帮助自己更好地注意自己周边正在发生的事情。请尝试利用自己所有的感官来寻找细节。如果在一年之中，你反复使用这些小提示，那么就会发现对季节变化的追踪可以改变自己看待这个世界的方式。

① 相当于中国农历的“候”，但划分方法和名称不完全相同。——译者注

1. 现在天气怎么样？考虑一下你所在之处的雨水、风、太阳及任何这个地方特有的条件。
2. 光线怎么样？
3. 夜空看起来如何？
4. 哪些植物和花朵开始生长了？开花了？枯萎、凋谢了？或是隐藏起来了？
5. 最近你注意到什么动物了吗？
6. 哪些食材正是时令食材？
7. 最近到户外去时，你都穿什么样的衣服？
8. 最近你看到了什么样的时令颜色？
9. 最近你听到了什么样的时令声音？
10. 最近你闻到了什么样的时令气味？
11. 最近你注意到了什么样的时令材质？
12. 你感觉如何？情绪如何？
13. 你身体状况如何？能量水平如何？
14. 你现在需要从哪些方面来照顾自己？如何去适应现在的季节？
15. 你最近做了哪些传统活动？
16. 好好回忆一下，从小到大，在家里或自己所在的社区，都有哪些与自然或季节有关的传统活动？你如何在现在的生活中加入这些传统活动的因素？
17. 你如何用某些温柔的方式来标记现在这个季节？

# 顺应自己的自然韵律

日本谚语“一葉落ちて天下の秋を知る”告诉我们“从一片树叶的凋落就知道秋天来了”。这句谚语通常用来表达意识到马上将要发生的变化。[①]日本人把季节当作路标，当作一种看得见的提示牌，不断提醒我们去关注自然韵律。

在现代生活中，我们自己的自然韵律经常被打断，因为我们会用强大的人造灯来延长白昼，会用各种电子设备的蓝光来扰乱自己敏感的生物节律，会在每一个工作日迫使自己更富有成效地开展工作。我们不断地推着自己前行，不管身体是不是在试图提示我们“现在该冬眠了”，或是“该到户外去享受一下夏天的阳光了”，然而，回过头来，我们还在奇怪为什么自己会生病。

季节定期提醒我们不需要时刻向前冲。每往前推一把，都需要往后再拉一下；每一次扩张，都伴随着一次收缩；每付出一些努力，都需要一些放松。有进行创造的时间，就有寻找灵感的时间；有喧闹的时间，就有安静的时间；有专注的时间，就有做梦的时间；有退潮，就会有涨潮；有时变强，有时就会变弱。这些对比，再次出现了。侘寂邀请你顺应自己在生命不同阶段的自然韵律，顺应自己在一年之中不同季节的自然韵律，顺应自己在一天不同时刻的自然韵律。

① 此处按英文原文翻译，与中文“一叶知秋”的含义不完全相同。——译者注

# 火祭带来的启迪

在大多数情况下，京都北部的小村子鞍马（Kurama）都是一个平静的地方，游客在天然温泉里放松身心，或者顺着神社小径拾级而上，爬上远处的山峰。然而，今天却非常不同。今天是一年一度的火祭（Hi-Matsuri），据说会有熊熊燃烧的火把和被火光照亮的天空，这些都吸引着外乡人纷至沓来。许许多多的外乡人。当夜幕降临，黑暗悄无声息地将大地笼罩，这里的街道便生动起来。

人群已经开始呼喊口号，然后跺脚。男人们穿着丁字裤和树叶编织的迷你裙，开始沿着街道前进。他们一开始的行进速度缓慢，因为要先适应肩上扛着的15英尺[①]长的巨大火把。小孩子们紧握自己手中燃烧着的火把，跟随着父亲的脚步。在他们周围，250个松枝做成的火把上的明亮的火焰跳跃着，照亮了他们脸上自豪的微笑。

原本轻柔的呼喊开始变得越来越大声，行进速度也越来越快，直到最后，变成了战场上的呐喊那般，填满了整个清冷的夜空。呼喊的人们肩负着为神或灵魂指路的任务，因此他们穿过街道，走过人群，来到了神道由岐（Yuki-jinja）神社前，并走上了台阶。

---

① 1英尺 = 0.3048米。——编者注

像这样的祭祀活动自古就已存在，直到今天，仍在日本各地进行着。在这些祭祀活动中，很多都有很强的宗教意味，其他的则与农耕、季节或记录生命的不同阶段有关。事实上，这些祭祀活动从某个意义上说都与自然或生命周期有关。

## 神　之　道

我们讨论过佛教的影响，但同时必须考虑日本本土宗教传统的影响，也就是神道。神道的字面意思是“神之道”，它“与农耕周期和对自然界神圣之处的体味是紧密联系在一起的”[11]，神道的核心是对神或灵魂的崇拜。不管是在有生命的还是无生命的物体之中，从高山和溪流到动物和岩石，都可以找到神或灵魂。

用已经退休的神道大师山荫基央（Motohisa Yamakage）的话来说就是：“自古时候起，由于缺少孕育复杂哲学的资源，日本人一直热爱自然、敬畏自然，把自然当作神的馈赠，这已经成为他们日常生活的一部分。”[12]

《神道：神之道》（*Shintō: The Kami Way*）的作者、神道学者小野祖教博士（Dr Sokyō Ono）说：“与神社崇拜紧密相连的，是一种对美的敏锐直觉，也就是一种对自然谜一般的强烈意识，这种直觉扮演着非常重要的角色，不仅让人们的思想从世俗世界升华到一个更高层次的、更深入灵魂的神圣世界，还把人们的生活转化成一种与神共生的体验。人造之美，无论多少，都无法替代自然之美。”[13]

## 山伏带来的启迪

我一直都被山伏吸引。所谓山伏，就是入山修行的苦练者，他们以山形县出羽三山（Dewa Sanzan，意为三座神圣的山）地区为家，那里也是我曾经居住的地方。我去羽黑山远足的时候，偶尔会看到正在往山中小憩之处默默前进的山伏。他们都身着白衫，手里拿着法螺贝号。山伏信奉的宗教被称为修验道（Shugendō），通常都被描述为佛教、神道和道教的融合体。

多年以来，城市人与山伏一起接受高强度修行并进行神圣的朝圣之旅似乎已经成为一种重要的仪式，而修行的一项活动就是在冰冷的瀑布下冥想。前不久，这种修行开始对非日本人开放。[14]

第十三代山伏星野大师（Master Hoshino）负责这个项目，他告诉我：“人们总是会问我山伏修行的意义。这是一种让自己置身于自然并思考自己有何感受的哲学。首先，我们体验；然后，我们思考。总有些东西是没有直接体验过就无法学会的。在大山里，大山本身就是老师。”

山伏修行的核心理念可以用一个词来表达，那就是受けたもう，

意思是“我卑微地接受”。这是一种强有力的邀约，邀请人们开放、静观。当我们置身于自然、想以自然为师时，这随时都可以成为绝妙的准则。

## 森林带来的启迪

我仰面躺在白雪覆盖的森林里，一边看着天空中的鸟儿飞过，一边聆听着远处传来的水声。这种情形对我来说并不常见。在我头顶上，天空像砂洗牛仔裤一样蓝，树木的剪影与天空相映射，有些小树枝的尖端在深冬阳光的映照下镶上了一圈银边。

这里是琵琶湖边上的小城高岛市（Takashima），我请自己来这里享受一次与大地亲密接触的森林浴。这个词最初于 1982 年由当时的日本林野厅长官[①]秋山智英（Tomohide Akiyama）提出。这是一种相对比较新的疗法，起源于日本，现在已有科学研究证明这种疗法印证了我们从骨子里就知道的看法：树木有助于健康。

我们的生活节奏越来越快，卫生条件也越来越好，很多人都觉得，我们断了与自然的联系，也断了与自己的联系，就好像遗失了

---

① the Director General of Japan’s Agriculture, Forestry and Fisheries Agency，此处译文结合了中文文献中对于森林浴提出者的描述。——译者注

什么重要的东西。从很早很早以前开始，人们就知道在自然中度过一些时间，特别是在森林里与树木共同度过一些时间，可以让人平静下来。但只是在最近十年左右，科学界才出现了一致的研究结果，进一步支持森林可以算是一种预防医疗的观点。与此同时，“森林疗法”这个词开始广为使用。这种疗法可以提高心理健康水平，加强免疫力，降低压力水平、心率及血压。[15]

“森林疗法”之所以会产生这些效果，并不仅仅是因为放松的环境和舒缓的运动，更源自与树木实际的互动。一项研究发现，在结束一次森林浴后，研究参与者体内所谓的自然杀手细胞数量明显上升，这种自然杀手细胞是一种淋巴细胞，可以增强免疫系统对病毒和癌症的抵御能力，而且这种增强效果可以在森林浴之旅结束后保持 7 天。许多进一步的研究都表明，免疫力增强至少有部分原因是直接接触到了植物和树木释放出的植物杀菌素。[16]

让我们把思绪转回森林，这里是鹿、猴子、野猪和熊的家园。虽然已经到了三月，但天气仍然很冷，树木依然是暗淡而光秃秃的。没有了树叶的遮掩，更容易看到鸟巢。我看见了几只小鸟，可能是五子雀，在树枝间互相嬉戏追逐，虽然它们没有其他地方可以去，但仍然很快乐。

我们的向导清水先生是一位充满活力的退休人士，他对当地的动植物都非常了解。他从头到脚都是红色着装，腰带上挂着一瓶绿茶，脖子上挂着一个听诊器——当然是用来听水声的。清水先生已经获得了“森林疗法向导”的执照，像他这样的持照向导有上百位，遍布在日本各个官方指定的“森林疗法”地点。

清水先生了解这条路线的每一个季节，熟知其中的每一个小秘密。“来看看这块苔藓，”他说着递给我们一个放大镜，“还有这里，这些山毛榉树。看看树干周围的雪都是怎么融化的。这就是树木的能量在发挥作用。”清水先生请我们放慢脚步，发动所有感官，关注周围的各种细节。

我们的疗程开始于几个小时前。首先，我们在一条小溪里洗了洗手，感受溪水的凉爽，聆听溪水经过一个小瀑布时倾泻而下发出的哗啦啦的声音。接下来，我们走了一小段不算陡峭的山路，来到了一个溪谷的底端，那里有个 180° 的转弯，我们可以因此看到远处的田野和山峦。我们在那里停了下来，喝了点水，吃了些烤杏仁，然后就进行了第一次寂静练习。我们每个人都要选定一个方向，首先注视远方；然后注视中等距离的地方；最后把目光收回，注视近处的景物，从而体会同样的景色在焦点变化的过程中会发生怎样的变化。

在“森林疗法”的其他疗程中，你可能会听到笛子吹奏的乐曲；可能会在吊床上躺一会儿，让自己完全沉浸在树木的治愈力量之中；可能会进行冥想；可能还会赤脚走路来感受脚下地面的不同质感。具体要进行哪些疗程取决于你所在的地方、陪伴你的向导和当时的季节。

“很明显，我们的身体仍然认为自然是我们的家园，随着住在都市或城市环境中的人越来越多，这一点变得尤为重要。”千叶大学环境健康与野外科学中心（the Centre for Environment Health and Field Sciences）副主任宫崎喜文教授（Professor Yoshifumi Miyazaki）说。正是宫崎教授提出用“森林疗法”这个词来描述得到了科学证据支持的森林浴的。[17]

宫崎教授在研究中测量了“森林疗法”的直接益处，其中包括增加可以抵御肿瘤和感染的自然杀手细胞，增强放松的程度、降低压力水平，使血压在使用“森林疗法”15 分钟后降低，并带来一种整体的幸福感。

“不仅仅是森林可以给我们的健康和幸福带来益处，”宫崎教授说，“其他自然物，比如鲜花、盆栽，甚至是木块，都已被证明可以减少压力，这使这些有益效果对所有人来说，特别是对城市居民来说，更容易获得。”[18]

森林浴之旅结束的时候，我很庆幸这天一大清早，月亮还高高挂在天空的时候，我就强迫自己离开了温暖的被窝，赶着乘坐进入森林的早班火车。因为此时我确实感到非常放松，重新有了活力，而且睡得像婴儿一样香甜。

日本精神分析学家土居健郎（Takeo Doi）在其分析日本人性格的经典著作《表与里》（*The Anatomy of Self*）中有一个引人注目的论断——日本人很容易产生对自然的喜爱，是因为他们就置身于自然之中，不需要认同任何社会规则。“可以说日本人与自然合为一体了……从他们的角度来看，正因如此，他们在与自然为伍时要比与人类在一起时更能感觉到自己作为人类的存在。”[19] 我非常确定，很多非日本人也会有这样的感觉。

## 自然的健康

森林邀请我们敞开心扉去聆听。

科学证据具有重要的价值，因为它们可以让那些怀疑在森林中花些时间就可以获得益处的人打消疑虑，而且官方设计的森林浴已经让很多人走进了森林，这无疑是值得称道的。

然而，我们也不应该错误地认为只有选择一个官方设计的路线，跟随官方认证的向导才能享受树木治愈的力量。我认为，我们有很多机会来掌握有据可循的“森林疗法”的原则，并在更自然的环境中去实践，比如散步、远足、在树林中做瑜伽、爬树、拥抱树木、与树木对话，甚至倚靠在树下写日记。

日语中有一个可爱的词语“kachō fūgetsu”。这个词语的字面意思是“花鸟风月”，指的是沉思自然之美。这可以激发我们去思考存在于自己内心的自然，同时也让我们意识到自己是宏大世界中的一员。也就是说，这样的思考让一切都进入了我们的视野。

我希望森林浴可以变得像瑜伽一样，也就是既可以跟随专业老师学习，也可以独自或在小范围中开展，而不需要特别多的组织、设备或规则。就只有你和树木，或者也许是你、树木和瑜伽垫，来寻找你自己的韵律，加深你与自然之间的联系。

把森林作为药物并不仅仅是如今才有的保持健康的潮流。在远古时代，人们就生活在森林中，自然就是我们的血液，是我们的骨骼，也是我们人类特有的灵魂；是山峦久久萦绕的呼喊，是大海令人眩晕的拉扯，也是风的低声耳语和树木不为人知的秘密。

对我来说，参加森林浴并不是要做什么新的事情。它其实早就存在于我们的内心深处，只是很多人已经忘记。当你在一个小树林里度过一段时间，在树木中静观、体会，你会感觉得到了拥抱、支持，而且仿佛坐上了时光机，找回了一位老朋友。这位老朋友把你拉到了身边，在你耳边低声诉说着一些小秘密。

在现代世界，我们花了太多时间把自己封闭在干净卫生的盒子里，包括我们的家、汽车、办公室等。如果我们花点时间走出这些盒子，走进户外的大自然中，我们的感官会变得敏锐，我们会意识到生命的珍贵。有时，我们需要把一切外在事物都剥离，从而让真正的美显露出来；我们需要简素，从而让我们意识到生命并不全是物质的积累；我们需要轻快的鸟鸣和广阔的天空，从而让我们意识到我们是自然的一部分，自然也是我们真正自我的一部分。

## 有关森林浴的重要提示

如果你要在附近的树林里进行森林浴，下面是一些提示。下次去森林探险时，带上这个清单会是一个不错的选择。

- 慢慢地走。先将脚步放慢到平时走路速度的一半，然后再放慢一半。
- 专注于此。让手机待在口袋里。
- 利用所有感官来探索周围的环境。注意脚下地面的触感，品味一下树林里的空气、风、光和影。抬头看看上面，再低头看看下面，最后看看四周。
- 双手握成杯状，放在耳朵旁，让自己捕捉树林中更多的声音。你能听到什么？声音从哪里传来？这个声音的位置是高还是低？是远还是近？
- 伸出手去摸一摸。注意不同的树皮、树枝和叶子的触感。
- 注意一下每个事物都处在自己生命周期的哪个阶段。什么东西刚刚出现？什么东西正在生长？什么东西正在枯萎？
- 深呼吸。你闻到了什么气味？

- 看看天空，寻找天空中的运动，再数一数颜色。你可以看看一种颜色有几种深浅的变化。多看一些时间，好让自己能够发现变化。
- 如果你能分辨出哪些东西可以安全食用，那么就去找一枚浆果或一片叶子来慢慢品尝，不要忘了在这个过程中要心存感激。
- 把森林里那些掉落在地上的馈赠捡起来，然后仔细观察，你能看见什么？
- 即使是许多人结伴而行，也请安静地度过一些时间。事实上，特别是与很多人结伴而行时更应如此。尝试一下沉思、拉伸，或仅仅是倚靠一棵大树坐下来。
- 在两棵树之间支一张吊床，然后躺进去。在支帐篷之前，记得征得树木的许可。
- 脱下鞋子，感受一下脚下的大地，或者把脚趾浸在小溪里。
- 注意一下在被森林包围时，自己有怎样的感受。不要着急，能待多久就待多久。

找一个自己格外喜欢的地点，在那里度过一些时间。给这个地点起个名字，为它编个故事。过两天再来一次，或者等到别的季节再来一次，看看都发生了哪些变化。

当你置身在自然中，可以问问自己下面这些问题。

- 当你被森林包围时，你会有怎样的感受？
- 当你张开双臂、敞开心扉时，你会想到有关这片土地的哪些故事？
- 你愿意与奔流不息的河流或博学睿智的古树分享哪些秘密？
- 在树林里，你会许下哪些愿望，让它们像落叶一样，随风飘到你所不知道的地方？
- 就在今天、在这个地方，你会给自己许下怎样的诺言？

请注意：进入森林时，请一定做好常规的安全保障措施。如果你此时不能立刻走进树林，那么可以尝试把柏树精油或雪松精油放进香氛机，或者带一些植物回家。（关于把自然引入室内的其他做法，请参考本书第 2 章。）

## 浇灌和谐的人际关系

不久前，我跟一些日本朋友去远足，我们找到了一块高高的石头，旁边有一块横着的木头，非常适合坐下来喝一杯新鲜炮制的乌樟茶。对我来说，乌樟茶是一种全新的口味，一开始有点辣，但回味甘甜，非常好喝。我们一边品茶，一边堆了一个小雪人。我们看到了地上零星的草芽，它们预示着春天即将来临。在这个过程中，我们还探讨了大家对自然的热爱，以及产生这种热爱的原因。

我们还进行了一次很有意思的讨论，关于在过去大约短短一个世纪的时间里，日本的自然环境是如何遭到大面积破坏的。尽管日本的核心形象中通常都会有自然的影子，比如大片盛开的樱花或者富士山那标志性的山顶。但是众所周知，1868 年明治维新[20]和 20 世纪下半叶的经济增长使日本快速实现了工业化，而日本大部分自然景观和野生动植物群也因此遭到了破坏。

在这群人中，我最大的感受是他们确实觉得自己是自然的一部分，而不是与自然分离的。但是，他们担心在追求经济快速增长的过程中，很多人几乎体会不到那种与自然紧密相连的感觉了。事实上，那些给俳句诗人松尾芭蕉和浮世绘画家葛饰北斋带来灵感的自然环境，大部分要么已经消失，要么就是如今已经很难拍出一张前景里没有电线或高楼的照片了。我的朋友们发现，虽然有种种迹象表明日本人对自然的喜爱，但这种喜爱与日本城市群中钢筋混凝土丛林及划过天空的一条条电线放在一起并不和谐。

这种与自然的联系越来越松散的感觉也在电影导演宫崎骏的诸多著名动画电影中反复出现。宫崎骏的电影表达了一种神道的观点，也就是人和自然之间有一种延续性。宫崎骏在自己的电影中探讨的各种问题都源自人类与自然的分离，包括人类试图控制自然或毁灭自然。

正是由于我们面临着这个时代提出的这种挑战，我们才需要回到自然中去，而不是与自然渐行渐远。

## 敬畏之情的无常

那是在牛津，一个灰蒙蒙的一月的早晨，我准备去博德利日语图书馆（Bodleian Japanese Library）为本书做些研究。走在路上，我偶然抬头，便看见有彩虹挂在天空，而且不止一条，是两条。我立刻停下了脚步，满怀敬畏地凝视这个自己过去从未见过的自然馈赠。看着看着，我发现彩虹一直在变化，一会儿更加清晰，一会儿渐渐模糊。一个十几岁的男孩低着头迎面走来，差点跟我撞个满怀。原来他一边走路一边在全神贯注地看手机。我忍不住拍了拍他的胳膊，指着天空，说："看。""哇哦！"他说。说完便转身站在了我身旁。就这样，两个陌生人站在这里分享了一个拥有双彩虹的完美时刻。两分钟以后，这个完美时刻就消失了。

自然是奇迹的摇篮——纷繁复杂的生长，生命奇迹的恢复力，朝生暮死的美出现又消失，等等。如果我们停下脚步看一看，就会发现每一个这样的馈赠都在提醒我们关注自己生活中转瞬即逝的美。

关于与自然共生：源自侘寂的智慧

- 自然让我们意识到自己生命的短暂。
- 关注季节变化可以让自己活在当下。
- 自然的韵律让我们意识到要顺应自己的自然韵律，这样我们就知道何时该前进，何时该停下脚步休息一下。

## 实践时间：沉思

在自然中度过一些时间，思考以下问题。

- 生命的短暂。
- 明暗中蕴含的美。
- 广阔的地平线和地平线前各种具体而渺小的事物。
- 不同季节的痕迹与馈赠。
- 对天气的感官体验。

你发现了什么？当你真正静心聆听时，是什么在向你倾诉？

# 第 4 章

## 接受与放手

**一切事物都是短暂的、不完美的，也是不完整的。**

把一个句子在英语和日语之间进行翻译转换有两种方式，一种方法是直译，也就是根据字面意思直接翻译；另一种方法是意译，也就是根据情境把意思翻译出来。直译可能被认为更“完美”，因为句子中的每个字都被翻译出来了，但这样做并没有把接受者所处的情境考虑进来，这就好像是“完美生活”的概念并没有考虑到我们每个人都面临着复杂而具有挑战性的现实一样。而意译就是不那么“完美”的翻译方式，可以给出更符合本意的翻译，因此才更有力、更优雅，也更有价值，就像“不完美的生活”才是生活真正的样子一样。

侘寂的一个核心要义就是接受生活真正的特点，也就是接受一切事物都是短暂的、不完美的，也是不完整的。

在这一章中，我将探索对自己的接受，对自己的过去、当下和未来的接受。这一章结束的时候，我希望你能感受到一种转变，感受到自己的紧张感得到了释放，而且在放弃了对“完美”的执念并接受了事物本来的样子后，体会到个人力量在不断壮大，最终发现自己站在一片新鲜的土地上，然后用这个全新的角度来看待这个世界。

事物总会变化，生活本就如此。

我每次来到京都，都觉得这里既熟悉又陌生。有新的高楼拔地而起，也有些老楼无影无踪；有新的店铺开门迎客，也有其他店铺关门大吉；自己最喜欢的咖啡馆换了招牌，变成了一家新的咖啡馆。多年来，这座城市一直在变化，因为战乱，因为地震，因为大火，还因为纷至沓来的游客。当然，不断变换的季节是这里日常生活的一部分，这些季节的变换让人们从视觉上和情感上体会到了时间的流逝。

前不久，我在东京偶遇了一个已经十多年未见的老朋友。一见面，我们两人都大呼：“你一点都没变！”事实上，我们两人当然都发生了很多变化。自我们上次相聚后，我结了婚，有了两个孩子，有了自己的事业，还搬了很多次家，次数多到我都已经记不清了；而她则搬去海外生活，换了工作，生了一场大病（所幸痊愈），经历了父母中一人离世，还学习了一门新的语言……所有这些经历都是有塑造性的，塑造成了现在的我们，只是有些效果明显，而有些效果不那么明显而已。

我们的生活、与他人的关系、事业、健康、财务状况、态度、兴趣、能力、责任和机会随时都在变化。有时候这些变化的幅度很大，突然就发生了，你觉得它们就像狂风一样让人有明显的感受；而有时候这些变化又很微小，缓慢发生，就像是水仙花抬起头面向太阳，你需要仔细观察才能注意到。

没有一个地方会保持完全静止，我们也不会一成不变。侘寂告诉我们，不断变化是一切事物的自然状态。由于变化不可避免，所以试图抓住过去或现在都是毫无意义的，而且会产生巨大的压力。

在很多年间，我一直致力于帮助人们度过生活中的重大转变时刻。在这个过程中，我发现人们对待变化的态度真的是千差万别。如果把这些不同的态度做成一个光谱一样的谱系，那么谱系的一端就是那些害怕变化的人，他们会在自己的能力范围内不惜一切代价维持现状，他们可能也不喜欢这个现状；而在谱系另一端的人们则习惯性地把变化当作一种逃避机制，因此，只要当前的事情开始变得困难，他们就会跳到别的什么事情上，但是在这之后又会责怪自己从未在任何一件事情上锲而不舍；有很多人则是在这两端之间，他们意识到需要改变，也确实想要拥抱变化，但因为害怕而裹足不前。我很好奇，在这样一个谱系里，你会处于哪个位置？

有一次，我跟朋友宫城先生在他位于东京郊外乡村的家中，我们一边吃着红米饭和文火慢炖的蔬菜（niimono），一边讨论着“转瞬即逝”的概念。正说着，这位朋友指了指他家的花园，里面有一小片竹林，然后他说："你可以真切地看到变化就在发生。竹子一直在生长，而且对外部的动态环境非常敏感。它们深深扎根在泥土中，但仍然很灵活。有风吹来的时候，竹子并不会抵抗，它们会随风而动。尽管如此，竹林仍在生长。日本是个地震频发的国家，想想这里的大楼吧，最终能够在地震中生存下来的，都是那些在地震时能灵活晃动的大楼。"

我想，就在刚刚，我所经历的那个瞬间正是宫城先生所描述的那种。

稳定可以让我们感到安全，但这是一种岌岌可危的稳定，因为它建立在一种会让人产生误解的假设之上，也就是假设事物都不会发生变化。然而，事实上，一切事物都在变化。外部原因引发了突如其来的变化，比如被裁员、发生亏损、身陷绯闻、罹患重病，这些变化带来的震动都是相当巨大的。心理定式实际上让我们在面对这种震动时变得很脆弱。如果震动来袭，我们想尽一切办法试图守住自己所知道的，就会被重重地击倒在地。然而，如果接受了正在发生的一切（并不一定要对此感到高兴或觉得可以容忍，只是现实地承认这一切正在发生），我们可能会被打得东倒西歪，但并不会因为完全失去平衡而倒地，而且还可以用更短的时间重新站起来。

**灵活是一种力量。像竹子一样生存吧。**

# 接受过去

我们太容易纠缠于过往，在怀旧之情中出神，心中充满遗憾，苛责自己没有做不一样的选择，或指责别人的失误。然而，回到那些过去的时光，那时的你并不知道自己现在所知道的一切。当时的你所拥有的资源、所面对的环境及所承担的责任与现在并不相同。也许，你的相貌、自我意识、所具有的勇气及获得的支持也不尽相同。或者当你回望过去，你会觉得那才是黄金时代，那时一切都更容易，你可能更像这样或更像那样。然而，关键在于，过去的都过去了，不管发生了什么，是好是坏，都过去了。

不管是什么让你不断地想回到过去，请花点时间与它和解，然后放下执念，随它去。这听起来很难，但其实只要你下决心这么做，也就没有那么难了。把它写下来，如果需要，可以咨询专业人士，或者与朋友聊一聊。接下来，你可以选择一天，可以是自己的生日、季节转换的那一天、新年，或者就随便一天，比如下个星期二，把这一天定为你把那个事物或那件事彻底留在过去的日子。其实，一直以来，只有你自己在关注它。

侘寂能让我们接受的过去就是那时，一切都是那时的样子；现在是此时，一切都是此时的样子，你的生活于此时此地正在展开，生活中的每一天都是余生的第一天。

# 接受现在

接受就是与当下的真实保持一致。在当下这一刻，在你的生活中，什么是真实的？你正手捧这本书，敞开心扉面对来自另一个文化的理念。也许，你同时在享用自己最中意的茶，或者不断地被一只在房间里飞来飞去的苍蝇分散注意力。

也许，你的房间开着窗，你可以听见小汽车开过的声音，或者阳光在你的书桌上投下了影子；也许你此时身在美发沙龙，在为晚上的特殊活动做准备，或者你刚刚回到这一页，而在此之前你刚刚结束了一次颇有收获的讨论、一次争吵或刚刚听到一个令人惊讶的大消息；也许你是坐在公交车上读这本书，或者是在厨房里读，你眼睛的余光一直盯着烤箱，看里面的派是不是烤好了。

我在想，你此时是觉得热还是冷，还是气温刚好？你能闻到什么味道，是有人在做饭的味道，是花园的味道，还是大雨将至的味道？有没有同时在放音乐？钟表有没有在嘀嗒作响？或者你是不是泡在浴缸里专注地倾听自己的呼吸声？

花点时间思考一下在当下这一刻，你的生活中有哪些事实。这一刻就是你此时的生活，你无法把这一刻无限拉长。到了某个时间点，你的派就会烤好，浴缸里的水会变凉，夜幕会降临。接受我们不能一直维持现状，也不能控制现状不变化这一事实，就是侘寂给我们上的强有力的一课。让我们记得要珍惜此时拥有的美好，让我们明白不好的终究会过去。

不管何时，只要你感到压力很大、担忧、难过、失落或孤独，你就可以用当下的事实来让自己安定下来。注意自己的身体里正在发生些什么，自己周遭又有什么在发生。感受你正在感受的，告诉自己这就是普通的一刻，很快就会被另一刻取代。

不管何时，只要你觉得备受打击，那就尝试让自己接受此时可能实现的都是有所限制的，你只能做自己能做的。这并不是说要限制本应存在的可能性，而是让你认识到自己的能力，这样就可以不再对自己抱有不切实际的期待，并给自己一些喘息的机会。

不管何时，只要你体会到了真正的快乐，那就请全身心地投入。用此时此刻的画面、声音和味道来让自己安定下来。这样一来，当这一刻成为过去时，这些画面、声音和味道都会成为珍贵的记忆，而这一刻，也必将成为过去。

## 龙安寺带来的启迪

我还清楚地记得第一次在京都龙安寺的地面上看到著名的石头蹲踞（也就是洗手盆）的那一天。

那时我 19 岁。在从语言学校出来回家的路上，我走进了这家寺院。我从著名的耙沙庭院绕到正殿后面，这里的地面上有一个并不引人注目的蹲踞，周围被长满苔藓的石头和各种绿植包围。然而，从它所吸引的关注来看，我敢说这绝不是一个普通的洗手盆。寺院里的每一个游客都会在这里停一下，看一看，蹲下身去拿起竹制长柄勺，舀一些水来洗洗手。一次只能舀一勺水，所以游客会停下来思考一下，拍拍照片。很显然，这不单单是一个清洁的仪式，因此，我想搞清楚这到底是什么。

走近一些，我看到中间盛水的方形部分四周有四个字（如图 4-1 所示）。那时我对日语还不太熟悉，但我发现自己可以认出上方的那个字，也就是代表数字 5 的那个字，因此我感到很自豪。然而，我还是不认识其他字，不知道到底是什么把这些游客吸引过来。于是，我鼓足了勇气，走到一位僧侣身边，指着蹲踞，问他那上面的字是什么意思。

图 4-1　蹲踞上的字

僧侣说是“吾（Ware）、唯（tada）、足（taru）、知（shiru）”。这里面没有一个字是“5”的意思，所以我还是不明白。我把它画在了纸上，准备回家去查字典，问自己寄宿家庭的妈妈。

最终，我明白了，这四个字分开来看并没有多少意义，但是当你将每个字与中间的方格“口”组合起来看，它们就变成了四个字——“吾唯足知”，也就是僧侣口中的“吾（Ware）、唯（tada）、足（taru）、知（shiru）”。直接翻译过来，大意就是“我只是知道很多”。如果想要更诗意一些的译文，可以是“对自己所拥有的感到满足的人是富有的”或者“我拥有了自己所需的一切”。

蹲踞所要表达的信息一直都在那里，这是一种我们已经内化了的智慧。认识到自己已经拥有了什么是感到满足的关键。我们只需要接受它，相信它，拥抱它。

我们拥有自己所需的一切。

## 当我们说“完美”时，我们想说什么

我们一直被灌输“完美”生活就是我们在广告里看到的那种生活——一种可预测的、格式化了的人类体验，不存在痛苦的情绪和来之不易的经验。“完美生活”通常都是一派幸福的画面，主人公发丝闪亮、面容精致，没有一条皱纹，不是在沙滩上奔跑，就是坐在美丽的家中，也可能是在跟一群发丝同样闪亮、面容同样精致、没有一条皱纹的朋友一起欢笑。或者，“完美生活”是在照片墙上发布的消息，可以是完美时尚的家，可以是完美的孩子，也可以是经过完美雕琢的身形。

要是我们像广告里那样拥有了最新款的手包、最新款的汽车，或者拥有了健身房的会员资格，那生活也会很完美。我们忘记了广告展示的是人为制造出来的时刻，而且是一段存在于摄影棚里的生活，各具特色的社交媒体则着力于塑造品牌故事，而不是真实生活本身。

除了上面描述的广告，还会有各种营销人员不断巧妙地提醒我们为什么自己的生活如此艰难，这从某种程度上让我们觉得自己的生活似乎不管怎样都不应该如此艰难，好像自己是在错误地过日子。

这些是我们每个人都明白的。然而，尽管如此，我们还是被卷入了追求“完美生活”的洪流中，背上各种债，往自己家里、行事日历里和脑子里塞满对“完美生活”的追求，而忘记了花点时间来搞明白到底什么才是对自己来说真正重要的。这就像是我们找到一家拉面馆，只是在窗口点了一碗盛在塑料碗里的拉面，希望得到立竿见影的营养，而没有鼓足勇气走到店里，在吧台边找一个位置坐下来，用自己能说出的最好的日语去点餐，然后拿出一点点耐心等大厨施展他们的魔法，这样我们就可以享受真正的美食了。

有一次，我跟一位僧侣[1]一边饮绿茶一边聊天，他微笑着对我说："活着是受苦，得病是受苦，变老是受苦，死亡也是受苦，但我们无法避免生老病死。如果我们试图与它们对抗，那就只会让苦难加倍，并且影响自己的应对能力。相比之下，如果你可以欣然接受正在发生的一切，那就可以随生活而动了。很多人认为禅所说的就是从容不迫和心神的安定，是在美好的氛围里过一种幸福的生活。然而，事实上，禅所说的是如何面对挑战，如何面对不幸、孤独、担忧，以及各种困难的情绪。禅所说的是学着应付生活扔给你的一切，而接受现实就是关键所在。"

接受并不是放弃或屈服，而是顺应正在发生的事实，而且这种接受在决定下一步动作时会发挥积极作用。举个例子，如果你生病了，接受就是意识到自己生病了，明白自己目前的能力有所降低，为了能痊愈，你允许自己慢下来，而且在需要的时候会寻求帮助，而不是让自己在与疾病斗争的同时仍然火力全开。

生活的各个方面都有苦难，接受这个事实可以让你积极地决定下一步动作。而且在这个过程中，如果你头脑清晰，心怀慈悲，那么还会感到一丝轻松自在。这个道理已经存在了几百年，我们却仍然在抗拒。

在很多情况下，我们都下意识地用"完美"和"完美主义"来妨碍自己欣然接受生活，此时的"完美"和"完美主义"是以下这些。

- 一种防御机制。
- 一种拖延战术。
- 一种借口。
- 一种控制形式。
- 一种武器。
- 一种评判尺度。
- 一种掩藏内在伤疤的面具。
- 一种对批评的极端回应。
- 一种掩盖真相的斗篷。

以上这些形式中，有哪些是你用过的？过去你有没有意识到“完美”这个概念的杀伤力可以如此强大？

## 当我们说“不完美”时，我们想说什么

侘寂所展示的不完美是以自然法则为基础的。如果一切总在变化，那就没有什么是绝对完整的，因此，没有什么是绝对完美的，因为完美是一种完整的状态。

我们通常会用“不完美”来形容一种没有达到完美的状态，而在我们的认知中，完美才是理想状态，不管是对物品还是对我们自

己，不管是自己的外形、银行存款、所取得的成就，还是自己生活的其他方面。随便查阅一本字典，你都可以找到许多“完美”的反义词，包括“缺陷”“腐化”“低级”“二等”“笨拙”“不精密”“破损”“坏的”。这也就怪不得我们都认为完美的反面是负面了。

为了消除对不完美的负面感觉，我们不能再把不完美作为那个虚构出来的理想状态的反面了，相反，要认为它本身就是一种理想状态，也就是认为不完美不是一种妥协。

不完美并不是我们通往完美的路上需要停下来加油的地方，而是我们在成长和生活的旅途中某个特定时刻的一张快照。我们一直忙着尝试把车子开到山顶，却忘了转身看看此时此刻正围绕在自己身边的美景。

我们需要信任，需要接受，需要心甘情愿地说，我并不知道一切，但我也不需要知道一切，我所知道的已经足够了；我并不拥有一切，但我也不需要拥有一切，我所拥有的已经足够了；我并不是所有人的一切，但我也不需要成为所有人的一切，我会为了那些真正重要的人用尽一切，努力做一切我所能做的，我做得已经足够了。

不完美不是一种妥协。

这并不是说没有目标、没有野心，或者放弃，以及为实现一个目标而拼搏是不好的，而是说要真正搞清楚，除了为了满足因为物质积累而产生的物质欲望和因他人期望而产生的压力，我们为什么想要得到自己真正想要的。不要再给自己加压，不要再让自己卷入各种争斗，也不要为了一个自己并不需要的位子而费尽心机。你完全可以把花在追求完美上的精力用来充分享受当下的生活，一旦你开始用这种方式来体会这个世界，你就会发现，不管是看上去，还是感觉起来，这个世界都变成了一个完全不同的世界。

## 展现你的不完美

你的内心对美的回应就是侘寂的精髓。

接受不完美是一回事，而让别人可以看到不完美之处就是另一回事了。不过，通常，正是在不完美中，我们才找到了共同点。把自己的脆弱、所面对的挑战、还没完成的梦想及难以为他人所理解的快乐都展现出来，就会让我们的内心打开一扇窗。人们可以看到我们真正的样子，并因此被吸引，与我们建立联系。

当你发现自己置身于真正的美中，你有没有注意过自己的内心在这一刻是如何回应的。这一刻，可以是有人在向你诉说一个柔软的道理，让你体会到他正在与你分享真正的自我；可以是听到了风中低吟的一首情诗；可以是发现一只小手放在了自己的大手里；也可以是与他人内心交流的一刻。

当我们把自己调整好，我们的直觉回应就会比逻辑分析回应来得更快。这样，在还没来得及评判、批评、比较或因其他什么而分心之前，我们就已经可以用心去感受了。我们可以在对待别人时也用这种方式。用心与他人相遇，而不仅仅是用脑子，从而让我们的本能和直觉指引我们超越大脑的评判，超越大脑根据我们表面所见而创造出来的评判。当我们向他人展示自己的不完美时，我们也在邀请他人用与此类似的方式来看待我们。

我曾在舞台上哭过一次，只有一次，但它就是这样发生了。我当时感到羞愧又窘迫，但观众的反应却令人难以置信，人们没想到会出现这样的情形。他们可以很明显地感觉到那是我的真情流露，尽管我并不推荐把这一举动作为一种公共演讲的策略。这一哭让我说话的声音变得很奇怪，让观众看到了我的不完美，明白了我的真实。我在舞台上无处可逃，便随它去了，并继续演讲。随着我与观众彼此敞开了心扉，屋子里的能量发生了变化。在这之后，等着我在书上签名的人排的队绕了整个街区一圈，而且队伍中的很多人也哭了，他们想要与我分享他们的故事。

成功学专家们都有一种倾向，那就是总会按照这样一个套路来讲述："我的生活曾经一团糟。有一天，我意识到了问题。现在我的生活美妙且完美。像你们这样生活一团糟的人，如果读了我的书、听了我的课、加入了我的研讨会，就可以像我一样，过上美妙而完美的生活。”但我却不买账。我们都像是未完成的作品，其中有些人碰巧有机会来思考这一切，也许刚好有个平台来分享我们在前进过程中所发现的事物。然而，事实上，我们都在互相学习。在这个过程中，并没有谁是负责人，也没有谁拥有全部答案。如果有人假装自己是负责人或知道全部答案，那么他要么是在兜售自己的虚假经历，要么就是还在混沌中，尚未清醒过来。

当不知道“一切”看起来应该是什么样子时，我们当然不可能拥有“一切”。我们如果能早一些意识到这一点，就可以早一点把自己和他人都尊为“不完美的财富”。我们只需要相信，有时，当头脑找不到答案时，我们的内心知道该往哪里走。

## 公共澡堂带来的启迪

在英国，我无法想象在公共场所洗澡，但是在日本，很多人晚上的日常消遣仍是去钱汤（公共澡堂）。

那是在飞弹高山[①]，一个下着雪的夜晚，我从自己租的房子里出来，顺着附近街角闲逛到了极乐汤温泉（Yutopia），然后花了 420 日

① 飞弹高山，Hida-Takayam，日本中部的一座古城。——译者注

元（约为 27 元）就得到了进入公用大浴盆泡澡 1～2 小时的权利。我在更衣室里把自己所有的衣服都锁在了一个柜子里，然后踩着一双塑料拖鞋，光着身子，朝热气蒸腾的浴池走了过去。

浴室内弥漫着蒸汽，两侧设有冲洗池。你必须蹲下来，坐在一个低矮的小板凳上，然后用一个塑料桶帮自己淋浴和冲洗身体。有人认为在冲洗池旁边安装些镜子会是个好主意。然而，此时的我仍然带着因为生育而增长的 15 磅（约 6.8 千克）体重，虽然几年前就想减掉，但一直没有成功。所以对于这样一个提议，我不会认同。

洗头的时候，我忍不住看了看浴室里的其他人，没有一个人在看我。她们不管是什么样的身材、多大年龄或有其他任何让自己在人群中很显眼的特性，都挺胸抬头地走来走去，带着一种安静的自信。有一位老婆婆在按摩浴缸里，把酸疼的双臂全部泡在了水里；有两个人似乎是朋友，正在聊八卦；还有一位妈妈带着年幼的女儿。我在想，这个小女孩从小到大都在这样的公共场所泡澡，这会使她对自己形体的自信产生怎样的影响呢？

多年以来，西方女孩一直都被灌输着看起来相同的“完美”形象。值得庆幸的是，这一状况已经开始发生变化，但我们仍然还有很长的路要走。在成长过程中，我们自己看到的、听到的和经历的都深深地影响了我们，同时，通过父母和其他成年人所说的话、彼此之间的互动及做出的决策，我们也了解了这些成年人在意的是什么。

突然间，我发现不穿衣服的时候自己可以很放松，这对一个保守的英国女人来说是一种不寻常的体验。当周围的人不再关注我的“缺陷”，我自己也就不关注了。在公共澡堂度过的这个夜晚给我上了重要的一课，那就是欣赏我自己的不完美之处不仅是对自己的一种恩赐，对我女儿也同样是一种恩赐。

## 谨慎选择行为榜样

我们在自己的领域做得越好，就越有机会接触这一领域里做得更多、站得更远、成就更大的人们。然而，一旦我们不再专注于自己脚下的路，而是迷失在他们的故事里，就会错过属于自己的旅途体验。这就好像是你坐在火车上穿越一个自己一直想去旅行的国家，结果你却全程抱着笔记本电脑看电影。这样，你就错过了关键所在，也错过了一整段奇妙的经历。

在某个时刻，在某个领域，总会有人比我们懂得更多、做得更多，或者经历更丰富、知识更渊博。我们可以选择把这看作对自己不足之处的一种反映，也可以看作让自己从这些人身上获得启迪的一个机会。

如果我们所欣赏和追随的刚好是那些会在我们内心激发出一种能力不足之感的人，那通常是因为我们把一种不真实的完美形象投射到了他们身上。如果出现了这种状况，我们可以选择改变自己的看法，或者把自己所追随的人换一换。

我们必须不断地把注意力转回到自己已有的生活上来，把自己拴在当下已有的、真实的事物上——爱、欢笑、暖心的话语、安静的美，也就是那些细节，正是它们组成了我们生活的纹理。

## 发现不完美中的美

正是不完美使我们每个人都很独特，正是独特使我们每个人都很美丽。

制陶艺人在制作一系列手工陶器的时候，并不会追求完美的对称和一模一样，否则他们就会使用机器了。制陶艺人想要的是自然的美，是手工的印记，是心灵的融合。

我们不应该是完美无瑕、一模一样的，不应该像是从人类工厂里制造出来的。如果你把自己想象成一个漂亮的手工陶器，形状可爱，尽管不完美，但正是因为这种不完美而得到了他人的欣赏，那感觉会怎么样呢？如果你承认纹理、特点和深度就是你内在和外在自然之美的基础，那感觉会怎么样呢？如果你意识到正是有了这一路走来塑造你的一切，你才成为今天的你，那感觉又会怎么样呢？

多年以来，在对完美的无尽追求中，我们在自己的自然之美外面裹了一层又一层：抗衰老面霜、各种物质积累、职务头衔、外在的形象等。我们自认为这些会让别人觉得我们更好。然而，这一切都很沉重，都给内在美戴上了面具。只有当你撕下这一层又一层的面具，你的内在美才能闪闪发光。

如果我们赞成“我们的完美状态就是我们注定不完美”和“我们已经达到了这个完美状态”的观点，那会怎么样呢？我们将不会再有更多的挣扎和更多让人筋疲力尽的奋力争取了。事实上，这会让我们放松下来，明白自己刚刚好就是自己应有的样子。

再向前走一步，我们可能会看到不完美实际上可以带来新的学习机会、新的体验、新的对话和联系。突然间，完美似乎不那么让人渴望了，我们也会意识到自己能做的比想象中的更多。

让我们回过头来再想想第 3 章中僧侣说过的话：“侘寂是自然，它指的是事物处于自己自然而又真实的状态，仅此而已。”你的“自然而又真实的状态”是什么样子？是你在这个世界旅行时的样子吗？是你工作时的样子吗？还是你与家人、朋友在一起时的样子？如果都不是，那你需要“撕下”哪些东西才能回到那个“自然而又真实的状态”呢？

## 放开对完美的执念

旧金山禅宗临终关怀计划创始人弗兰克·欧斯塔谢斯基（Frank

Ostaseski）曾经说：“完整并不意味着完美，而意味着一个部分都不少。”[2]

我在厨房料理台上写下了前面这些文字。我手里有一杯葡萄酒。晚饭后的脏碗碟在水槽里堆得高高的，等人来清洗。我脑袋里始终有个声音在提醒自己，大旅行袋还躺在卧室的地面上，还在周日我外出回来后把它放下的位置。在我脚边，散落着孩子们的玩具，其中有一个开着盖的珠宝盒，里面躺着一位芭蕾舞演员，她结束了一天的旋转后感到无比困乏；有一个茶壶，已经准备好给泰迪熊的野餐上茶了；还有一个气球，我早就不记得是从哪个派对上得到的，现在正慢慢漏气变皱……

首先，我发现为人父母这件事，在太多方面不仅很有挑战性，而且还让人很困惑。同一时刻，我既会感到幸福，又会觉得很受挫；既深深地感恩孩子们的存在，又因他们的要求而倍感压力；既全心全意地爱孩子，又觉得孩子不受控制。然后，我明白了，并不只是孩子在成长，父母也在成长。我们需要空间让自己成长为作为父母该有的样子。成长就是不舒适的，这也就是为什么它令人惧怕，为什么它困难而又混乱，但我们应该看看它会带来怎样的结果。

此时，我环顾了一下客厅地板，看到了一片狼藉，有穿着一半衣服的洋娃娃、一堆乐高得宝积木、一摞书，还有不要了的蜡笔，散落得到处都是。除此之外，我还看到了些别的什么。是的，从它们身上，我看到了孩子们永不枯竭的好奇心、无穷无尽的能量，还有想要更多地了解周围世界的热切渴望。我看到了欢乐，看到了纯粹属于孩子们的游戏。空气中萦绕着孩子们的笑声和奇迹，而在这些笑声和奇迹中，我找到了治愈的良药。

我已经尽己所能在家中实现“深入灵魂的简素”和“安静的美丽”了，但我并不会糊弄自己说我应该成为一个完美的主妇，或者我的家应该时刻保持整洁。

我问自己究竟想让女儿们对童年有怎样的回忆。让她们说“我们的家总是很整洁”是最重要的吗？不是。如果你确实有一个总是很整洁的家，我不会评判你，但我心里会悄悄嫉妒你。然而，我想说的是，我们必须做选择，此时我的选择是，我希望女儿们说：“我们的家是个可爱而快乐的地方，我们在家里感到安全舒适。我们一直彼此相爱、互相照顾，大人教会我们如何爱彼此，如何照顾彼此。我们学会了珍惜自己所拥有的，远不止如此，我们还学会了珍惜彼此在一起的时光。”

“别担心，不会一直这样的。”女儿们说。但这也让人觉得忧伤，也就是为什么要在其中寻找恩赐，因为一切都不会一直这样，女儿们很快就会对不同的事和不同的人感兴趣。将来她们可能不会愿意依偎在我身边，一玩就是几个小时，或者跟我聊上一整天。所以，现在，当一切都还如此的时候，我会感恩这一切，甚至包括脚边蹦来蹦去的皱巴巴的气球。

# 接受困难

自然中的一切都在变化，你的故事也不例外。接受并不意味着这将是故事的结局，而是承认这是故事开始的地方。我们每个人都是还未完成的作品，活着就是经历发展变化。你可以在发展变化中扮演一个积极的角色，但首先要意识到变化正在发生。侘寂能帮助你用一种柔和而又能获得滋养的方式来做到这一点。

侘寂教给我们的是看问题的角度，也就是看待事物时要关注它们真正的大小，关注它们是否真的有意义，关注是要继续给它们供给养分还是对它们放手。如果遇到了困难，接受可以成为你真正的朋友。接受并不是要你缴械投降，也不是允许你采取一些不当行为。接受不是被动的，而是主动的。

接受意味着“这就是正在发生的”（观察，而不要抗拒）；意味着“这就是它真正的重要性”（如果它确实重要的话）；意味着“这就是未来的开端，这就是我接下来将要做的事情”。

这就是告诉自己，这就是我的现状，是我们的现状。花瓶碎了，婚姻破裂了，生意遇到了困难。我很孤单，我的孩子很难过。我刚刚再一次被抛弃了。不管正在发生的是什么，这就是现实，此刻的现实。我们不能无视正在发生的一切，但也不需要把它们夸大。我们需要经历这一切，承认这一切，然后放开对这一切的执念。事实是，我们不能抓着过去不放，也不能一直背着过去前行。当我们学会面对困难，也就是接受“困难会出现，也会过去”的事实后，生活就会从一场战斗变成一段舞蹈。

## 给未来留点机会

不久前，我在蟹江美根代婆婆家度过了一段时间。蟹江美根代婆婆是一位 94 岁高龄的女性，我们在本书第 8 章中还会遇到她。当被问到幸福生活的秘诀时，蟹江婆婆说，她认为一切不幸福的根源都是对自己已拥有的感到不满足，在自己的生活之外花了太多时间，而不是在自己的生活上下功夫。这并不是说我们不能有梦想，而是说幸福要从感恩开始。蟹江婆婆也看透了龙安寺里蹲踞的要义。

希望（hope）与期待（expectation）是不同的。你可以规划未来，并尽力实现，但不能决定或控制未来。你可以把自己想要的形象化，但又不执着于这个形象化的结果。不要再紧盯着各种期限不放，然后真正回到此时此刻的生活中来。

这一周，我想让你搞清楚自己对什么心存感恩，然后对还未发生的一切，放弃所有期待。不管未来会发生什么，都用开放的头脑和心扉来迎接。尝试让自己在整整 7 天的时间里不控制任何事情，在事情没有按照自己的设想发展时，也不要感到紧张。在这个过程中，任何时候你觉得自己需要出手控制了，就尝试控制自己不要这么做，看看会发生什么。如果事情没有按照自己的设想发展，那么请找一找有哪些好的方面恰恰是因此而发生的。

同时，不要着急，慢慢来，并没有什么是十万火急的。当我们持续追求完美时，生活节奏就加快了。我们会做出草率的决定和仓促的判断。侘寂给了我们一个机会，让我们暂停一下、思考一下、自省一下，然后以此为起点再出发。你很有可能觉得放松而做出更好的选择。

保持开放的心态，给小小的奇迹留些空间。

关于接受和欣赏自我：源自侘寂的智慧

- 变化不可避免，因此试图抓住过去或现在都是毫无意义的。保持开放的心态。你的生活正在此时此地展开。
- 在头脑找不到答案的时候，不要忘了你的内心也许知道该往哪里走。
- 完美是一种迷思。你注定不完美，你就是你。

## 实践时间：练习接受

接受是一种决心（我会坚持在这里，不会被不同意见的旋涡裹挟而偏离），一种认可（这就是已经发生了的，或是正在发生的），也是一个新的开始（知道了自己现在身在何处，我可以从这里开始继续前进，把这里当作自己的一个新起点）。

不管你身上正在发生什么，考虑接受，然后看看这会让你的看法发生怎样的变化。你可以利用下面这个练习来帮助自己。

1. 决心：我不会被不同意见的旋涡裹挟而偏离原来的位置。此时此刻，我：________（描述你所在的位置，可以看到 / 听到 / 品尝到 / 闻到 / 触摸到什么，比如你双脚站在地面上有什么感觉，或者你所坐的座位让你有什么感觉。）
2. 认可：这就是已经发生了的，或是正在发生的。此时此刻，现实情况是：________________________________________
3. 新的开始：这是一个新的开始。（尽管这可以是一个激动人心的开端，但也不是必须如此。）在这个新起点上，我可以 / 我将：________________________________________

接受并不总是那么容易做到。很多事情让人觉得不公平、始料未及、时机不对或者很痛苦，但它就是发生了。接受并不是一种麻痹情绪的方法，而是让自己头脑清晰起来，从而感受到自己应该感受的。在这样一个时刻，照顾自己是最重要的。你可以给自己做些承诺。

我会用下面这些方法来照顾好自己。

头脑：（比如，向朋友倾诉烦恼，本周内不再接受新的工作安排，等等。）________________________________

身体：（比如，到自然中去做长距离行走，用新鲜而有益健康的食物来给身体提供营养，等等。）____________________

精神：（比如，把冥想作为早上起床后的第一件事，列一份感谢清单，等等。）______________________________

# 第 5 章

## 重新构建失败

日语里有一句著名的谚语："七転び八起き"，意思是"倒下七次，爬起来八次"。我学习日语的时候，对这句谚语特别熟悉，它表达了不放弃的意思。不仅如此，它所表达的并不是从摔倒开始（如果是从摔倒开始，那应该是"倒下七次，爬起来七次"）。它从你第一次爬起来开始算，提醒着我们首先必须站起来，才有机会失败，然后才有机会再站起来。

在读学位课程的时候，我是班上唯一一个还不会说日语的学生，所以开始时很吃力。在大学里的第一个星期，我的新朋友们都在实验室和教室里学习一些高级的东西，而我则在练习如何在一天之中的不同时间用三种方式说"你好"，还时常会搞错。

作为杜伦大学东亚研究系的一名学生，我喜欢系里的传统和学习体验。在这里，亲切的老师进行小班授课，一间间教室都安排在一栋维多利亚时期的古老建筑里，教室里还摆放着一排又一排书脊上都是汉字的图书，我梦想着自己有朝一日可以读懂这些书。教学楼隔壁就是东方博物馆（Oriental Museum），里面陈列着各种织物、浮世绘和其他极具异域风情的手工制品。我们的课程包括学习去日本人家中做客时应遵守的礼仪、观看宫崎骏的动画电影，以及每周四下午在传统音乐的陪伴下用毛笔蘸着黑得发亮的墨水在宣纸上写汉字。

日语是一首歌，我觉得它很好听，只是还不太会唱。

从第一次词汇测验开始，我的学习之路就布满了失败的碎片。在第一学年的考试中，我考得特别差，因此有一位资深教授把我叫到了办公室，一脸严肃地告诉我，系里还没有决定是否同意我下学期去京都。什么？难道他们不明白？去日本生活是全部意义所在。我已经做好准备开始一场探险。我诚恳地央求教授，而且保证如果能沉浸在日语和日本文化的环境中，我会学得很好。不管怎样，我的保证很有用，几个星期后，我坐上了向东飞去的飞机，并把对自己的怀疑和汉字词典及足够穿一整年的衣服一起塞进了随身行李箱。

穿过关西国际机场时，我看到了自己不认识的标志，听到了自己听不懂的对话和广播通知，同时我也感到不知所措，因为我发现人们真的会说教科书里的那些语言。我本应该多下点功夫来学习那些语言的，结果却把时间都用来阅读大学广播站的新闻通报和收集学生报纸里的校园八卦了。接下来，我见到了接待我的寄宿家庭的妈妈，她只会说京都方言，而寄宿家庭里的其他人都不会说英语。突然间，我清楚地意识到，如果我想在接下来的一年中活下来，就必须提高自己的日语水平。

如果将我的语言学习之旅画成一幅曲线图，那将是从左下角的零点开始，然后是一段急剧波动的线，表明开始时并不是一帆风顺的，随后是我在京都的第一年，曲线就变成了整体上升的样子。在那段时间，当学习动力高涨的时候，曲线就会走高；反之，当学习热情没有那么高时，曲线就会下落。在差不多时间过半时，曲线开始保持平稳，临近考试的时候再次上升，在回到英国后进一步上升，因为此时我完成了学业，拿到了学位。到了毕业的时候，我已经相当自信了，然而，当我在日本找到工作后，我才再次感到震惊，因为我发现曲线的纵轴已经高到超出了自己所能意识到的范围。当我要在很大的舞台上进行现场口译时，当我要为政府官员、大使和顶尖运动员进行现场口译时，我以为自己已经做得相当好了，但结果其实并没有那么好，一点也不好。我把会议内容录下来，反复去听，直到完全理解。我还非常痛苦地翻译报纸上的文章，尽可能地让自己参加各种文化课程，结识各种朋友。整个过程就像是坐上了一列既自豪又绝望的过山车，当看到自己已经走过了很长的路时，我就会觉得自豪；而当我发现自己还有很长的路要走时，就会觉得绝望。

最后，我终于明白了，我只能利用当时自己所掌握的工具来做自己能做的。我可以让自己尽可能地做好准备，然后只需要让自己按时出现，最好是以既轻松又保持警觉的状态，来让自己尽可能地发挥出最好水平。每当我这么做时，就觉得更好，学得更多，自信心也会增强。当然，也有些时候，我的自信心会被击成碎片，但我会把这些自信心的碎片都收集起来，重新来过。

从我在东京开始工作起，每一年，语言学习的曲线都会再次上升。曲线的顶点很可能出现在我读硕士学位、全身心学习同传技巧的那段时间。正是在那段时间，我为了积累工作经验来到联合国工作，与其他几位从小就可以说两种语言的女士共用一个同传箱。这几位女士都有 30 年的口译从业经历，可以一边织毛衣一边毫不费力地进行语言转换。到这样的环境中工作可能是个错误。我备受打击，感到自信心在一点点地消失。此时，我的曲线看起来像刚刚遭受了一次股灾洗礼的日经指数。

然而，这就是我们所做的。我们越是擅长某些方面，视野就会越开阔。我们从水坑到池塘，再从池塘到大海。理想状态总是在变化，只要我们是用这种理想状态来激励自己拿出更高品质、来自心灵更深处的工作成果，那就很好。但是，如果我们是用这种理想状态来进行比较，那就危险了。我并不是说你应该满足于水坑，而是说你可能在池塘里会很高兴，如果池塘已经是你尽己所能后得到的结果，那没有问题。你也可能觉得自己注定要去向大海，那也很好，只是要确定自己是因为合适的理由要去大海。

**在学习这件事上，没有哪个点可以说是“完成了”“完整了”或者“完美了”，只有不断地学习。**

这如何与侘寂联系起来呢？那就是在知道没有什么是“永恒的”、“完美的”和“完整的”之后所体会到的如释重负的感觉。当我把事情搞得一团糟，这只是一时的，而不是一辈子的。当我犯了错误，我可以改正它，或者下次做得更好。在学习的旅途中，不管身在何方，我始终都是在路上，而不是在某条路线的终点，这让我觉得很放松，因为我不必了解一切，这也让我很好奇——我究竟还有哪些东西需要学习。

曲线总有可能下降、有可能稳定，也有可能上升，这完全取决于你，取决于你的态度、精力和关注点。这不仅适用于技能的学习；也适用于学习理财、爱和为人父母的过程；甚至对了解我们自己来说，也同样适用。在学习这件事上，没有哪个点可以说是“完成了”“完整了”或者“完美了”，只有不断地学习。

## 日本人对待失败的态度

在我的研究中，我重点关注的一个问题就是如何使受侘寂启发而产生的不完美概念与日本社会中对失败显而易见的厌恶统一起来。如果企业经营失败，首席执行官本人通常都会承担责任。20 世纪 90 年代的亚洲经济危机在日本就像推倒了一列多米诺骨牌，使许多著名企业高管接连下台。这种对待失败的态度不仅可以从生活在公众视野中的人物身上找到，在普通人身上也可见一斑。每年，大多数学生都会为准备高中或大学入学考试而参加放学后的补习班，目的就是避免名落孙山。日本人跟其他所有人一样不喜欢失败，而且，如果因为失败而“丢了脸面”，还会因此带来一种羞耻感。

我意识到，重新构建失败并不意味着喜欢失败或者欢迎失败，而意味着为了不失败而尽自己最大的努力（因为你在意自己所做的事情）。但如果还是失败了，那就意味着要学习应对失败，从而帮助自己继续前行。

在播客节目《扰乱日本》（*Disrupting Japan*）中，一段对倒闭了的 Sharebu Kids 公司创始人长岛浩（Hiroshi Nagashima）的访谈很巧妙地说明了这一点。[1] 在日本有丰富创业经验的主持人蒂姆·罗梅罗（Tim Romero）在节目中说：“失败很伤人，失败很孤独，有些人，你觉得你们是关系亲近的朋友，但看到有你打过来的未接来电却不会回拨。失败可以让你看清自己和周围人最糟糕的一面，有时也可以看清最好的一面。”

当蒂姆的嘉宾长岛先生的公司遭遇困境时，长岛先生圈子中的人们，也就是他的投资人、朋友和家人，实际上比长岛先生所预期的更能接受现实，也给予了他更多支持。最难的部分其实是长岛先生一开始对自己深深的自责。然而，最后，长岛先生清楚地总结出如果可以重来一次，自己将在哪些方面有所改变，并成功地利用自己的经验在另一家公司获得了一个很好的职位。他说，无论在失败时有多困难，失败的经验都让自己变得更强大了，都培养了自己的决心，都改变了自己看问题的角度，也都让自己对并不是真正重要的事情少了些担忧。

为了重新构建失败，我们首先必须重新构建成功。如果我们给自己设定了一个单一的目标，并把自己的价值与能否实现这个目标挂钩，即使实现这个目标还有赖于很多我们无法控制的因素，在这种情况下，失败就会非常痛苦。这个单一的目标其实就涉及我们对完美的认识。“要是我实现了 X、成了 Y、做到了 Z……我就会觉得开心、幸福了。”

相反，如果我们改变对成功的看法，也就是用我们想获得怎样的感受、想如何体会生活来定义成功，那么一切都会随之变化。我将在本书第 7 章中对此做进一步讨论，不过在这里，就让我们看看如果用侘寂的世界观来看待失败，我们可以从中学到什么。

1. 我们并不需要喜欢失败才能从中有所收获。失败可以培养我们的适应能力，帮助我们在其他方面有所成长。当我们不再试图变得完美，有些“失败”可能都不会再被视为“失败”。

2. 失败的感觉不会一直存在。没有什么是永恒的。每一天都是获得一个新起点的机会。

3. 一切都在变化。也许此时正好可以暂停一下，转个方向，寻找一些不同的追求。

## 追求完美也有风险

**当我们在更大的舞台上碰运气，但并没有成功时，这并不是失败，而是让自己得到扩展的那一刻。**

竞争并不是一件坏事，它鼓励我们不断挑战自我，磨炼技艺。在我们生活的世界里，有太多因素由不得我们自己来控制，因此，当我们在这样一个世界里尝试追求完美时，我们才会遇到问题。失败的风险是大还是小，主要取决于我们站在多大的舞台上。只要舞台足够小，任何人在任何事上都可以获胜。只有不断扩展才会有成长的机会，但不可避免的是，有些时候我们无法获胜。然而，如果我们一开始就从这个角度来看待它，也就是把它看作让自己的舒适区不断扩大并让自己打开心扉以迎接更丰富的体验过程，那么这就是一种恩赐。

作为口译员，我曾与无数在国际舞台上与自己的目标失之交臂的世界级运动员肩并肩站在一起，当然也曾与无数获得了奥运会奖牌的运动员并肩。我理解了获胜与失败在情感上的巨大反差，也体会到了当你一路走来，牺牲了那么多，结果却没有实现目标时的失落感会有多深。不过，接下来发生的才是真正重要的，那些后来取得了更大成就的人都意识到了这一点，无一例外。

这与拍电影一样，与烤蛋糕一样，与学术研究也一样。是的，在任何我们想要追求某个特定梦想的领域，情况都是如此。只要当我们感觉自己失败了，我们都还有一个选择，那就是选择如何面对失败，如何继续前行。

我们可以有野心、有才华，可以让人惊叹，可以追求振奋人心的梦想，也可以为自己在前进道路上向前迈出的步伐而感到喜悦。但是，不要追求那些难以捉摸的、自我强加的完美。相反，我们要理解完美是一个无法实现的目标，并让自己放轻松。自我的扩展才是最重要的。

## 把自我扩展付诸实践

这些年来，与日本之间的联系让我碰到了许多与众不同的工作，其中最与众不同的可能就是为一位长距离游泳选手做口译员，这位选手当时尝试在 15 小时内游泳横渡英吉利海峡。五十岚健（Ken Igarashi）是日本海岸城市鹤冈的一位稻农，他初中时期酷爱游泳，曾是一名游泳选手。后来他找了工作，建立了家庭，把游泳抛诸脑后。20 多岁的时候，健开始练习举重，积累力量。到了 35 岁时，他开始重拾长距离游泳这项运动，此时通过举重练习积累的力量便发挥了作用。

我认识他时，是大约他重新开始长距离游泳的10年后了，健已经成为日本第一个横渡位于日本本州（Honshū）与北海道（Hokkaidō）之间、连接了日本海和太平洋的津轻海峡（Tsugaru Strait）的人。此时，健与教练一起来到了英国多佛（Dover），我们三个人住在一家舒适的家庭式旅店里，可以听到海鸥在外面鸣叫。如果想要挑战从英格兰游泳横渡海峡到法国，就需要遵守一系列严格的规则，而这并不只是因为横渡这样一条主要运输航道存在很多危险。横渡要在固定的时间窗口进行，会有一艘警察的船跟着健，健的教练、我和一位独立裁判会在船上。我们可以通过一条细绳给健提供饮料和食物，但如果细绳拉紧了，那么横渡挑战将宣告结束。如果健碰触到了随行的船，横渡挑战也将宣告失败。不管健是抽筋了，还是被水母蜇到或被途中遇到的其他东西伤到，我们都不可以向船边这位身穿速比涛泳衣、全身涂满凡士林霜的游泳选手提供任何肢体上的协助。

到了健要挑战横渡的那一天，我大约凌晨3点就起床了，吃了一块奶酪三明治，然后就到大堂与健和他的教练碰面。健看起来昏昏沉沉、摇摇晃晃的，这让我很失望。原来前一天晚上，为了倒时差，健服用了安眠药和威士忌，但这两者并没有很好地混合起效。如果是平时，一定早就有人建议他继续回去睡觉了。我也不想让他在这种状态下、在黑暗中步入大海，但他坚持说自己只有这一个时间窗口来进行挑战。最终，要由他的教练做出决策，在进行了仔细评估后，这位教练亮起了绿灯。

一开始并不好。挑战的规则是，在你抬起脚离开多佛海岸的陆地、迈进水里的那一刻，挑战即开始，所以当健游出去几百英尺后又很奇怪地开始返回英格兰的方向时，挑战的计时已经在嘀嘀嗒嗒向前走了。裁判担心健迷失了方向，这完全可以理解。教练大喊了一些指令，并鼓励他转换方向重新面向法国，然后，我们就出发了。

冰冷的海水让健措手不及，同时他也意识到自己游错了方向，这些似乎都让他完全清醒了过来。在接下来的几小时中，健展现出了令人惊叹的毅力。然而，一开始犯下的错误最终还是让他付出了惨重的代价。在加来（Calais）附近的海岸，有一处比海岸线上其他点都更深一些。如果你游得足够快，可以到达这一点，那横渡所用的时间将会大幅减少。很不幸，健错过了这一点，而且在海潮的影响下，又多游了两个小时才上岸。

健爬回船上的时候，浑身颤抖，筋疲力尽，但仍然欢欣鼓舞，因为他到达了法国。日本国家级广播公司日本放送协会（NHK）通过卫星电话对他进行了采访。当被问到这次挑战有何感想时，健回答："我已竭尽全力。"

最终，健用 16 小时 42 分钟完成了横渡。按照最严苛的标准来说，健并没有实现自己用 15 小时完成横渡的目标。然而，无论如何，他游泳横渡了海峡，付出了巨大的努力。因此，健将关注点放在了自己所取得的成就上，他为自己已经竭尽全力并最终完成个人首次跨国横渡而感到自豪。毫无疑问，这次挑战也让健学到了很多，为他以后的挑战打下了基础。

这样的态度让健在这条道路上又继续走了很远。五十岚这个姓氏在日语中的意思是“50 次风暴”，有这样一个姓氏的五十岚健后来成为第一个从日本游泳到韩国的日本人，第一个从日本游泳到俄罗斯的日本人，更成为第一个横渡贝加尔湖（Lake Baikal）的日本人。

### 培养适应能力的 10 个方法

1. 加强锻炼、补充营养、注意休息，从而增强身体活力。
2. 给自己一些安静的时间，让自己享受充分的睡眠，并走进大自然，增强思维活力。
3. 练习适应小事，这样就可以更好地适应大事。
4. 给自己设定一系列小目标，并为实现它们而努力。
5. 养些植物。看看精心照料它们会产生怎样的效果。
6. 定期记录自己擅长的事情，提醒自己具有哪些才能。
7. 寻找自己的圈子，并建立可以给自己提供支持的网络。
8. 寻找适应能力方面的行为榜样，并向他们学习。
9. 用鼓舞人心的名言警句激励自己。
10. 每天都寻找理由让自己积极起来。

## 然而，这很难

我知道这很难。那种会让自己后悔、自责的失败确实很沉重。唉，你谈了多年恋爱，结果她 / 他却让你心碎；唉，出版社又拒绝了你的书稿，而这已经是第十五家了；唉，你确定了一个项目，但没有签合同，结果项目泡汤了；唉，你说了“好”，但其实你内心深处知道自己应该说“不好”；唉，一切都要从头来过。

没有人说失败是容易的。不过，好消息是你可以选择如何对待失败。如果你试图用后悔和自责来抓着失败不放，那么它只会变得更暗淡、更沉重，因为一切都在变化，不是吗？试着把失败转化成一个可以从中有所收获的教训吧。不管这样做看起来有多困难，你在任何时候都可以做出这样的选择。如果你能从失败中挖掘到收获，那就关注一下这会产生怎样不同的效果。

## 抵触失败的可能性

不要再告诉自己大家都在盯着你，都在等着你失败。
他们并非如此。

我所从事的工作之一就是帮助人们完成在不同职业之间、不同生活方式之间和不同人生阶段之间的转换。在这个过程中，我不断遇到一些不愿意重新开始的人，因为他们对失败都存在一种无法克服的恐惧。也就是说，如果你做一些新的事情，那么在向前推进的过程中，你很有可能会犯错误。

毫无疑问，无论是从精神上还是从自我意识层面上，从头开始都是十分困难的。为什么这么多人年复一年一直走在一条已经让自己无比痛苦的道路上，原因显而易见——为了避免犯下让自己在未来也很痛苦的错误。对于那些想换一种更有创造性的生活方式的人来说，或那些希望以创意性职业为生的人来说，情况尤为如此。对他们来说，风险太高了，对失败的恐惧太严重了，艺术老师的阴影和过去的批评声在他们耳畔萦绕。然而，他们没有意识到，在前进的路上，失败也是进步。每遇到一次这样的状况，你就积累了一些内在的智慧，以备下次所需。失败并不一定是故事的结局，它可以是下一章节的开端，但前提是你接受了不完美，拿出悲悯之心来对待自己，并选择继续前进。

## 没有人在盯着你看

在京都的一间寺院里，我盘腿坐在一块小垫子上，不过我现在做的一切其实都不对。这时，我本应该冥想，但事实上我现在所能想到的只有双腿如针扎般的麻木感，我为了更舒服一些而调整坐姿所发出的窸窣声，以及我脑袋里的各种声音，它们都在不断地告诉我，大家一定都在盯着我，对我这种走神的行为非常不认可。我忍不住偷偷环顾了一下四周。当然，并没有人在看我，没有人关注我在做什么，或我做得对不对，他们都忙着做自己的事情。

在这里，只是我自己在评判自己，只是我自己在还没有实际考虑清楚什么才能算是真正成功的冥想时就告诉自己已经失败了。只有放下这些评判，我才能放松下来，才能体会这一刻，体会这个环境中的一切——微弱的铃声、我的脚踝压在地面上所产生的不适感、新制作的榻榻米散发出的味道、外面花园里园丁耙地发出的沙沙声，同时我也在提醒自己正在进行一次探险，今天是自己主动选择来到这里的。

### 从失败中学习：6 个毫无压力的步骤

对待任何事件或状况，如果你把它们当作失败而无法释怀，可以用下面 6 个步骤来处理。

1. 事实：陈述事实，到底发生了什么。
2. 谦卑：搞清楚你一直在责怪谁，你自己扮演了怎样的角色。
3. 简明：挖掘出你从这个状况中得到的最重要的教训。
4. 无常：明确有哪些损失、哪些收获，以及你的内心发生了哪些变化。
5. 不完美：找出你自己或别人身上有哪些不完美之处是自己必须

被原谅或者必须被接受才能继续前行的，然后提醒自己正是这些不完美让你们成了有血有肉的人。

6. 不完整：认识到这并不是故事的结局。确定你下一步要做什么。

## 克服对创造性失败的恐惧

我们在做创造性工作时，最好的效果通常都是自己处在最放松、最真实的状态时取得的。在这样的时刻，我们自身的创造力所带来的成果会与他人深深地联系在一起，表达许多我们可能永远不会在与他人交谈时所表达的内容。不过，与他人分享那些来自内心深处的东西会让我们觉得自己很脆弱，仿佛完全暴露在他人面前，我们感到害怕，担心被批评、被嘲笑或者被拒绝。那感觉就像我们真的正在被批评、被嘲笑或者被拒绝。因此，怪不得在我帮助人们在创造性行业中寻求职业发展的过程中，这种情况总会反复出现。

对失败的恐惧是人们从事自己所爱事业的最重要的障碍，因此，这里也就是侘寂最重要的一课了。侘寂是对反映了生活本质之美的直觉回应。它也可以是他人对你的回应，对来自你内在的创造力之美的回应，这就是说，你需要把自己的创造力与他人分享，才能使创造力之美真正为人们所欣赏。

因此，如果我们因为害怕失败而把自己的创意表达隐藏起来，那么我们就误入歧途了。真正的美并不在于使某些方面变得完美，而在于对创造本身的分享。

当然，如今，对成功的定义有很多维度，取决于你自己的喜好。你的演唱会的门票卖光了吗？你的书登上畅销榜了吗？你在照片墙上贴出的最新一条消息得到上百个关注者点赞了吗？这些东西之所以重要是因为它们可以帮助你维持生活，进而让你可以花更多的时间来做创造性的工作，我将在本书第 7 章中进一步讨论这一点。然而，如果考虑到你和欣赏你作品的人们所共同创造出来的美，那么前面那些东西就一点都不重要了。唯一可能出现失败的就是你们从一开始就避免进行共同创作。

## 放手一搏

用像创意这样非常私人的东西来解决对失败的恐惧，并不那么容易，但是可以试着把失败重新构建为一个指示灯，表明自己真正在意的是什么，然后无论如何都让自己放手一搏。

那是一个宜人的春日清晨，我正在京都西阵纺织区闲逛。1 500 多年来，这里一直是京都纺织业聚集的区域，距离我和我丈夫 K 先生已交了半年租金的公寓仅一步之遥。西阵是这个城市里一块极为吸引人的区域。在这里，你可以看到工匠在工作，但他们并不是给游客作秀，而是真的在完成自己的工作。在他们之前，一代又一代的能工巧匠一直是这么做的。此时，有一栋建筑物吸引了我的注意。那是一间巨大的木制仓库，有一个宽阔且让人觉得热情好客的入口，入口前面悬挂着一个传统暖帘，告诉人们这家店铺正在开门迎客。这些都让我非常好奇，我便不由自主地想走进去一探究竟。

当我抬脚迈过厚重的推拉门，我不由地倒吸了一口气。这是一个 300 平方米的厂房，里面的空间有 3 层楼高，最上面的是拱形天花板。厂房两侧挂着我见过的最美的和服，而在中间的区域，除了两三张矮桌、桌上的几张草稿纸和一筒笔，别无他物。

原来，这个厂房是设计师三浦恭司（Kyōji Miura）的工作室。三浦专注于为艺伎和时尚客户设计高端现代和服，还曾获得奖项。三浦还有一个暖帘的产品线，门口那些吸引我进来的暖帘就包括在内。突然间，我很想知道暖帘是如何制作的。

面对这个巨大的空间，我礼节性地打了个招呼，一个面相和蔼、扎着长长的银色马尾的男人从后面角落的一个小房间里溜达出来。我对他说，很抱歉打扰他，但我想知道有没有可能近距离地看看他美丽的作品。看到我这样一个从大街上闲逛而来的外国人，这个男人有些茫然，不过他还是点了点头，示意我可以继续往里走。

我们先是一起喝了一杯绿茶，我连珠炮似的向他提出了一系列与他的和服设计有关的问题，然后，我终于鼓足勇气问他能不能教我做暖帘。

“呃，我不教徒弟，”他尴尬地说，“我只做设计。”

“哦，是这样。”我说道，然后等着。

“不过，好吧，我想我可以考虑一下。你把想做的样子画个草图，明天带来，怎么样？我会考虑看看。”

我飞奔回家，用和纸和筷子急切地做出一个模型。第二天，我又来到这个工作室，三浦似乎有些意外，而当我从帆布背包里掏出我的设计时，他看起来更加意外了。

“嗯，有意思。还不错。”他说道，一边说一边看看我的模型，再看看我，然后再看看模型。

这以后，我的学徒生涯就开始了。我在他的工作室里待了许多天，从画草图到晕染处理，到染色和干燥，再到拉伸和冲洗，完成了暖帘制作的一系列步骤。

在这个过程中，好几次，我都发现我其实是试图在相对较短的时间内学习一种非常博大精深的东西，因而倍感压力。三浦老师是一位水准高到难以想象的大师，而我则是一个脑中毫无概念的初学者。不过，三浦老师不断地提醒我要专注于手头的工作，也就是坚持到他的工作室来，努力尝试，然后看看会发生什么。他让我关注细节、听从指示，但同样也要运用自己的直觉，毕竟，这是我的设计。在这位大师的脑中，错误是不存在的，存在的只是有趣的创造性实验。

再回过头来说说发生在三浦老师工作室里的事。最后，我们把手工染色的一块长亚麻布料分成了三块，把它们缝制在一起，然后挂在一根竹竿上，此时，我觉得心都要跳出来了。做好的暖帘上有几个地方染色不均匀，到处都有弯弯曲曲的线条，每一块的上边沿都有些没对齐。不过，对我来说，即使自己有生以来制作的第一块暖帘太不完美，也仍值得珍视。

这套暖帘现在挂在我家，上面的图案是一轮银色的月亮，后面是靛蓝色的底色，月亮上面还勾勒出了两只小鸟的轮廓。两只小鸟代表着可能性、支持和自由，这些正是在我们克服了对创造性失败的恐惧后所要接受的，不是吗？

## 建立创意自信的 5 种方法

运用下面 5 种关于建立创意自信的重要提示，这样你就可以不断把自己的工作成果展示出来。只要这么做了，也就无所谓失败了。

1. 忘记各种标签（比如艺术家、作家等），只专注于自己的创作。
2. 关注过程，而不是最终结果。
3. 如果有些东西行不通，那就试试别的（比如新的媒介、新的材料、新的老师、新的角度）。
4. 你只承担一半的责任。带着一颗开放的心去面对一切，整个世界都会来帮你完成另一半工作。
5. 不要单打独斗。找到与你志趣相投的人，彼此支持。

## 光之馆带来的启迪

我花了 5 个小时，坐了 6 趟火车，吃了一盒便当和一盒百奇，最终穿过了日本的偏远地区，来到了位于雪国新潟县（Niigata）深处的十日町市（Tōkamachi）。一个友好的出租车司机在火车站接上了我。道路两侧的积雪足有 10 英尺厚，除了这些像墙一样的积雪，我什么也看不到，于是我便把注意力都放在出租车司机身上。他断断续续地向我介绍了一些当地历史，推荐了一些附近的温泉，中间穿插分享了当地人是如何尝试种植一种新品种大米的。日本最受欢迎的越光米和新品种新之助品牌大米产地相邻，但口感上却有区别，我对此十分感兴趣，甚至没有注意到目的地已经到了。当我们在壮观的光之馆门前停下时，[2] 我顿时觉得自己无法呼吸了。

一段宽阔的木质台阶漂浮在巨大的雪云之上，台阶的尽头是一个壮观的入口，入口两侧分别是一段包围式走廊，由柱子支撑，距离地面大约 9 英尺高。光之馆由日本建筑设计师安藤忠雄（Daigo Ishii）和美国光学艺术大师詹姆斯·特瑞尔（James Turrell）为越后妻有艺术三年展（Echigo-Tsumari Art Triennale）而设计，可用于居住，也可以作为冥想的处所。这座建筑探索的是当光成为一种体验时所能展现的种种隐藏着的维度。

光之馆是优雅的数寄屋 [3] 风格建筑，有一个略有倾斜的山墙和四坡屋顶。[4] 在光之馆内部，每个房间都铺着榻榻米垫子，都有雪见障子，也就是纸糊的隔断，可以上下推拉，像窗户一样。人们可以一边舒服地坐在坐垫上，一边欣赏外面的雪景。乍看之下，这个建筑很传统，但仔细观察就会发现，其中有很多微妙的设计，从浴室里铺设的光纤，到柔和的室内照明，意在再现很久以前日本人在家中使用的烛光，这些都使整个建筑变成了一个交互艺术体验区。

光之馆可同时容纳6个人入住，不过，友好的经理在迎接我时告诉我其他客人都已经取消了预订，所以我可以独享整个光之馆了，这让我很开心。这是多么难得的一份礼物。

那天傍晚，光之馆里的本地厨师为我摆上了新鲜烹制的餐点，一共有10个不同的盘子。厨师向我依次介绍了盘子里的食物，对独自就餐的我来说，这些实在是太奢侈了。

我选择了一个房间来吃晚饭，而且我晚上也将住在这个房间里。这个房间与众不同，天花板上有一个巨大的正方形框架。按一下按钮，整个房顶就会滑动打开，露出外面的天空。

在日落之前，一场灯光秀就在这里拉开帷幕。围绕在天花板上正方形框架周围的区域慢慢地从一种颜色变换成另一种颜色。窗户外面，我可以看到白雪、高山和灰蓝色的黄昏。不过，在我头顶上，正方形框架的四边都发出了粉色的光，把天空变成了蔚蓝色。

我手里拿着筷子，虽然并没有其他人在场，但我仍然默默地鞠了一躬。首先品尝的是煮菜，有一大碗，包括竹笋、香芋根、金针菇和海鲈鱼。接下来，正方形框架的四边变成了淡樱桃红色，天空随之变成了绿色，我开始品尝用甜味噌汤煮的蜂斗菜芽和汤汁黏稠的照烧姜汁琥珀鱼。

现在，淡淡的蓝色灯光占据了天花板，天空看起来是黄色的，天花板上映照出我盘子里的煎蛋卷及旁边搭配的蕨菜和三文鱼。接下来是鲔鱼汤，此时的天空变成了明亮的蓝色，而天花板正方形框架的四边则放射出棉花糖般的粉色灯光，两者形成了鲜明对比。在这之后，我开始品尝与胡萝卜搭配的煎豆腐，天花板上的粉色灯光此时开始变亮，天空就变成了波斯蓝色。

随着夜幕降临，天空本身的变化并不明显，但是由于天花板上正方形框架的不断变幻而产生的对比却是非同寻常的。白色的灯光让天空变成了紫红色，天花板映照出了我盘子里的牙鳕和茄子天妇罗。到了吃米饭和白味噌汤的时候，天花板展现出了另一种粉色灯光，并使天空变成了明亮的绿色。最后，随着晚餐在一份丝滑牛奶布丁中收尾，天花板射出一道橙色的灯光，在它的映照下，天空仿佛变成了一块闪闪发光的绿宝石。

在灯光秀接近尾声的时候，我肚子里的馋虫也已经得到了满足，于是我把桌子收拾干净，然后在榻榻米地板上的日式床垫上舒服地坐了下来。天花板上的灯光又变回了纯净的白色，把天空映照成靛蓝色。在整个灯光秀的过程中，月亮始终挂在天空中，而夜色则一直守在天花板上正方形框架的四边。我整个人都陷进日式床垫里，抬头注视着广阔无垠的天空，身上觉得很温暖，但脸颊却因为夜晚凉爽的空气而觉得凉凉的。就在这时，有雪花开始在房间里飘落。

一间真正用于居住的房间里真真切切地下起了雪，这是从外面到了里面，而里面又连接着外面。我知道应该关上房顶，却发现自己动弹不得，而且此时我脑中所想的并不是这有多么不可思议，而是在思考艺术是如何让这一切发生的，思考我们都是如何认为并相信一切应该以某种特定方式发生，然而有一天却发现这并不是真的。关于思考，只要条件合适，一切都是有可能的。这不禁让我开始好奇，我们还给自己设定了哪些限制？还有哪些事情，如果我们不再告诉自己不可能，就会变成可能？

每当天花板上正方形框架的四边从一种颜色变换成另一种颜色时，框架中的那片天空也会跟着转变。当我们遇到困难时，就好像我们只看到了一种颜色的天空，而忘记了其实只要改变框架，我们还可以看到很多种颜色的天空。当我们失败时，并不是说我们要否认或逃避，而是要明白，对于发生了的事情，我们可以有不同的看法。我们是用后悔和贴标签这样黑暗而沉重的做法来面对它吗？或是用感到羞耻和尴尬来面对？或是用失落和绝望来面对？还是用勇气和清晰的头脑来更轻松地面对它，把它当作一次学习和成长的机会、一个让我们重新思考或改变方向的提示？或者只是把它当作一个提醒，让我们不要忘了自己只是凡人，不要忘了“人非圣贤，孰能无过”？在失败面前，我们是退缩，还是成长？是责怪自己，还是看到其中的可能性？是不断后悔，还是把它当作学习的机会？我们能看到什么，取决于我们如何面对它，而这又会进一步改变一切。

我正想得出神，突然房间陷入了一片黑暗。发光的正方形框架消失了。我觉得自己突然坠入了无边无际的空间，那感觉就像是我正在向天空飞去，而夜色为我披上了斗篷。

第二天早晨，我醒来，发现周围一片宁静。房子周围，积雪堆了几米高，视野之内一个人都没有。前一晚，我看着外面山下的村庄，看着村庄里点点灯火在夜色中闪烁，看着雾气开始慢慢升起，然后就渐渐沉入了梦乡。现在，一觉醒来，我发现我最远只能看到窗外的树，而且外面只有一片白色和灰色，100 种不同层次的白色和灰色。

我用烤鱼架给自己烤了吐司，又涂上了奶酪，然后用透明的茶壶泡了一壶茶。接下来，我继续坐了一会儿。我知道，昨晚我所理解的与所看见的并不完全一致，其中的差距正等着我去发现。我想知道这些差距是什么，所以便静心聆听。在等待的时候，我想起自己昨晚分别用数码相机和苹果手机透过天花板上的框架给天空拍了照，不知道这些照片效果如何。我拿出来看了一下，效果令人无比震惊。

用数码单反相机拍出来的照片，每一张照片里面天空的颜色几乎都是一样的，只是在一点点地变暗，就跟实际情况一样。也就是随着夜幕降临，天空自然渐渐变暗。然而，用苹果手机拍出来的照片就不一样了，天空的颜色随着框架的变化而变化，就跟我的大脑所展现的情况一样。

透过不同的镜头，相同的天空看起来就不一样了。这就是光之馆给我上的最后一课，我们对自己所面临问题的感知并不仅仅取决于我们如何构建问题，还取决于我们透过怎样的镜头来看待它们。我们可以用评判的镜头，也可以用发现美、发现积极之处的镜头，而这就决定了我们愿意为“失败”付出多少情感代价。

我在本书第 1 章讨论过的寂之美并不是仅凭人们的双手就可以创造出来的。同样地，我们从失败中吸取的教训，也不是自愿创造出来的。失败会出现，我们也可以用很多不同的方式来面对失败，但不管是哪种方式，你都不应该认为自己是个失败的人。你如何经历失败，在失败中学到什么，全都取决于你选择如何构建失败，选择通过怎样的镜头来看待失败。

也许，在这样一个由日本建筑设计师和西方艺术家合作打造的建筑物中，我能得到这样的启迪，并非巧合。学习别的文化，然后再回过头来思考自己的文化，这种做法是很有价值的。当我们意识到看待这个世界的方式并不是唯一的时，我们就会发现自己面临很多选择。

- 构建与重新构建。
- 看到积极的一面，而不只是负疚。
- 失败后仍然向前看，而不是因为失败就退缩。

重新构建失败：源自侘寂的智慧

- 学习这件事没有尽头或“完美”的状态，学习只是学习。
- 失败只是一个扩展的时刻。在前进的路上，失败也是一种进步。
- 重新构建失败可以改变我们对失败的体验。

## 实践时间：重新构建

回想一个自己失败的例子。结合本章提到的“从失败中学习：6 个毫无压力的步骤”，回答下面这些问题。

- 发生了什么？
- 为什么你觉得失败了？
- 这一切发生的时候，你有什么感受？
- 当时你准备充分吗？
- 当时有哪些外部因素起了作用？
- 你有没有遵从自己的直觉？你的直觉是怎么说的？
- 如果未来遇到同样的状况，你的做法会有哪些不同？
- 如果从成长的角度或者从积极的角度来看待这次失败，你会如何评价？

- 这次经历过后，发生了哪些变化？
- 如果要从失败的地方继续前进，你现在需要做什么？

思考一下你的答案，然后写下一段话，开头是："多亏（加上你认为是失败的那件事的细节），现在，我……"

# 第 6 章

## 浇灌人际关系

滨名老师把一些美丽的桃花和一小支黄油菜花插入一个竹制花瓶里，然后把花瓶摆在了壁龛里。壁龛里还挂着一幅书法卷轴，上面写着汉字“平常心”，出自妙心寺（Myōshin-ji Temple）的一个僧侣之手。我正襟跪坐在榻榻米地板上的平垫上，旁边是我的朋友泉，她已经跟滨名老师学习茶道许多年了。

滨名老师身着华丽的黑色和服，步履优雅地进出于茶室，把茶道用具和一个漆器小罐子拿了进来，罐子里面装着绿色抹茶粉，看起来生机盎然。茶室中间的地板上有一个地炉（嵌在地板里的下陷式火炉），里面烧着木炭。地炉上方悬挂着一个铁质吊锅，正在轻轻摆动，仿佛有微风吹过茶室。冬天就要结束了，春天正在一步步走来。

我们就这样静静地坐着，观看着，聆听着，品味着。滨名老师是一位温柔而亲切的主人，在为我们备茶的过程中，举手投足间，他就已经把想要说的悉数表达出来了。我的茶盛在一个乐家风格

（Raku-style）的茶碗里被端上来。这个茶碗是深黑色的，微微泛光，碗边几乎垂直于碗底，完全由工匠灵巧的双手捏制而成。我双手手指弯曲，握住茶碗，感觉茶碗就像是双手的延伸。泉的茶碗更浅一些，碗边是倾斜的，颜色是浅大地色。茶水是迷人的森林绿色，上面有一层细密的泡沫。

与茶水搭配的是一些形状像花朵一样的时令甜点，而茶水的苦味则令人神清气爽。

地板上，地炉里燃烧的木炭发着红光。

窗外，早春的细雨淅淅沥沥地下了起来。

今天，我们不慌不忙。

日式美学体现在传统茶道仪式里，而不是通过直接授课让人们理解。滨名老师在课堂上几乎从来没有谈过哲学，但是离开的时候，我觉得自己学到了很多重要的东西。课堂上只有泡茶的仪式，然而所表达出来的却远不止于此。我们三人互为老师，互有所得，也都为彼此而存在。

## 茶室带来的启迪

古时候，武士在进入茶室前会先把刀摘下来，将其放在刀挂台上，然后从躏口进入茶室。所谓躏口，就是一个很小的门，所有人，不管身份地位如何，都必须弯下腰爬着通过。茶室虽小，但整个世界都已被塞入其中，包括当下这一刻和大家共同拥有的体验。在茶室里，每个人都是平等的。主人和客人关爱彼此，为彼此考虑。他们相互顾念，相互调整适应，他们都对此时此刻彼此所拥有的一切心存感恩。

茶道的基础是四个原则，即“和、敬、清、寂”，也就是和谐、尊敬、纯净、寂静。[1]

## 和，意为和谐

在茶道中，对于主人与客人之间的互动，“和”是最理想的状态。对于茶道中其他要素的相互影响，包括季节、用具、食物和茶会的氛围，情况也是如此。从茶道延伸一下，“和”也可以被当作人们在日常生活中彼此互动的最理想状态。这是一种与自然和他人合为一体的感觉，是一种对彼此的敏锐感知。和谐让我们与他人的关系舒心、远离是非，进而让我们体会到一种平和的感觉。

## 敬，意为尊敬

这来自对他人的接受，接受他人本来的样子，接受他人本来所在的位置。当我们表现得亲切而谦恭时，我们也可以获得尊敬。主人和客人都小心而恭敬地使用茶道用具，客人带着感恩之心来品味茶道的氛围和细节，而主人在营造这些氛围和设计这些细节时，也心存感恩。主人和客人彼此间相互顾念，又为彼此而存在，正如日常生活中我们与他人之间的关系。

## 清，意为纯净

“纯净”所指的既包括干净的重要性，也包括在茶道中对细节的关注。在传统茶会中，客人会穿过露地（花园小径），在一个小石头盆中洗手、漱口，然后才进入茶室。在露地上行走的过程，客人就从日常生活中那个喧闹、污浊的世界进入了茶室所提供的纯粹、安静的空间。“清”所指的还有心灵的纯净，以及不为物质和地位所累的自由，这些都提醒我们要信任彼此、关爱彼此、不随意评判彼此，从而找到彼此身上最好的一面。

## 寂，意为寂静

“寂”是静止的一种主动状态，也就是一种宁静的感觉。根据茶道里千家流派的观点，尽管一个人可以通过努力依次实现前三个原则（和、敬、清），但这最后一个原则只有通过坚持实践前三个原则才能实现。里千家流派认为，一个人如果心向茶道，那么他就已经准备好去接受彻底的静止和寂之静默。[2] 不管生活中发生了什么，保持从容都让我们可以清晰地思考、适当地回应。

这四个原则已经流传了几个世纪，并在这几百年间始终在茶室里指引着人们，为我们的日常生活带来安宁。时至今日，它们已成为一个柔软的框架，在我们处理与他人之间的关系时，不管是在日常生活场景中，还是在某些发生了特定冲突的时刻，都可以派上用场。

思考一下你与他人的关系，不管是融洽的还是有些紧张的，如果稍稍注重一下和、敬、清、寂，会发生怎样的变化?

## 宽容我们所爱的人

我丈夫 K 先生习惯把湿茶巾扔在厨房边上，过去这总让我很恼火。我会一次次地把茶巾搭到架子上，同时问自己，他为什么不能把茶巾挂在架子上呢?然后在心里的小黑账上记上一笔。我跟 K 先生说了几次后，有那么一段时间，他用完茶巾后会挂到架子上，然而之后又忘记了，于是茶巾再次出现在了厨房边上。如果此时我手头本来有别的事情要做，结果却需要先收茶巾，那么我通常都会在脑中默念：别人的丈夫也是这样吗?是不是只有我一个人在给孩子收拾完残局后还要跟在丈夫身后一直收拾整理?（不过，顺带说一句，这么说其实对 K 先生一点都不公平，他比我整齐多了。）

然后，有一天，厨房边上的茶巾终于把我惹毛了。而茶巾之所以会在那里，只是因为 K 先生刚刚洗完碗碟，用茶巾擦干，然后把所有东西都摆到了一边。在此之前，他做了晚饭，给女儿们讲了故事，给了我一个拥抱，问我这一天过得怎么样。也就是说，在此之前，他让我们每个人都露出了笑颜，在厨房里左右腾挪，还一边陪我们喝茶一边分享了小秘密。我对K先生充满感恩，但是，不知为何，我却对厨房边上的茶巾耿耿于怀。最后，我还是让自己释然了。现在，每当捡起湿茶巾，并把它挂到架子上，我都认为这象征着自己对K先生的感恩之心。

正如我和K先生都不完美一样，任何人也都不完美。如果你对待他人时，是用心去看，而不是用眼睛和头脑去审视和评判，那会有什么不同？如果你放弃评判他人，忘掉他人让你体会到的挫败感，只是接受他人本来的样子而不试图改变他，那会有什么不同？如果你不喜欢自己所发现的不同之处，那么这也是很有用的信息，你可以选择接下来要怎么做。不过，接受别人也许会给你带来一个不同的角度，以提醒你什么才是最重要的。

源自侘寂的世界观会打开一个爱的空间。

## 灵魂的大度：寻找好的一面

我想了解这一切是如何与禅和侘寂联系在一起的，便来到京都春光院（Shunkō-in Temple），向寺院副住持全龙大师川上隆史

（Reverend Takafumi Kawakami）请教。他为我解释了佛教中“kū”的概念，“kū”通常译为“空”或者“无我”。根据川上副住持的介绍，与其说这个概念说的是自我的缺失，倒不如说是关于一种与一切融为一体的感觉。[3]

我们每个人都是相互联系、相互依存的。没有了他人，或没有了我们周围的世界，我们自己也就无法存在。这就是为什么我们在茶室里体会到的联系会如此强有力。在这一刻，我们可以思考和品味彼此之间的关系。我们每个人都在为自己的生活奔波忙碌，但当我们置身于茶室时，我们可以暂时停止奔波，来享受茶道带来的多种感官体验，并通过这些体验来让自己在时间和空间中穿梭。这些都使我们记得和、敬、清、寂的原则是如何为我们紧密相连但有时又有些疯狂的生活带来相互理解和平静的。

前不久，我跟朋友松山爱一起吃午餐，吃的是香橙米和一些冬季时令蔬菜。松山爱是我多年前结识的朋友，那时我们一起在日本电视台（NTV）设立的学院学习电视节目主持。我们的老师过去曾在日本的电视台工作。我第一次在课堂上开口说话时，她歪了下头，看起来有些担心，说：“哦，天呐，你听起来就像是个乡下来的土包子。”（那时我刚从日本北方的一个偏远地区搬到东京，在那个偏远地区，人们说话带有强烈的地方口音。）后来，在读新闻、做天气预报，或是做街头采访时，我始终像是在说一种外语，但老师对此也并不在意，她对待我与对待其他日本学生一样。因此，我很喜欢这位老师。

那时，在课堂上，我总是感到紧张、感到身负重压，但是，松山爱总会让我在课堂上笑出声来，总会让我不要太把自己当回事。这次，我们再次相遇，我们选择了一家优雅的咖啡馆，结果松山爱又让我很不合时宜地笑出声来。松山爱是一个阳光的人，总能给身边的人带来奇妙的正能量。我问她有什么秘诀能让自己保持积极向上。她说："我总会让自己努力在他人身上找到至少一个优点，甚至是对自己不喜欢的人，也努力这么做。"松山爱的这种灵魂上的大度对与她相处的人来说是一份无名的礼物，而对松山爱来说，这也让她觉得自己与他人之间的关系更加舒服。从字面上说，松山爱的名字"爱"就是爱的意思，也许这并非巧合。

这让我想到了与川上副住持的那次谈话，当时他告诉我，人们总会有一些确认性倾向，也就是一旦我们认定某人是坏人或好人，就会开始基于这个已有的偏向性判断来寻找证据支持自己的判断，因此，这个已有的偏向性判断在我们脑中就会进一步固化。然而，如果我们意识到这一点，并尝试寻找证据证明自己已有的判断是不正确的，那么，我们的人际关系状况就会大为不同。这并不是说我们要接受不当行为，或者允许他人欺负或控制我们，只是说我们要努力看到他人好的一面，哪怕我们与这些人在各个方面都存在分歧。

培养大度的灵魂可以改变我们对人际关系的体验。

如果有些人的某些习惯让你特别恼火，你有以下几个选择。

1. 告诉自己“又来了”，并在心里的小黑账上添上一笔。

2. 如果这让你无法再忍受，那么就采取行动改变这个状态。

3. 接受他们的习惯，且以后不再将此放在心上。

4. 在他们的这些习惯中找到好的一面，哪怕这不符合你的直觉感受。

究竟要怎么做，完全由你自己来决定。

## 帮助他人找到归属感

在我刚到京都求学后不久，有一天，我在位于京都著名的哲学小路后面的一条小街上漫步，误打误撞，发现了一座可爱的小型寺院，名叫安乐寺（Anraku-ji）。寺院这天本不开门，但大门旁边的小门开了一条缝。还不到 20 岁的我充满了好奇心，于是便悄悄推开了小门，向里面张望。我看到寺院里有一位被称为田中夫人的女士，她正在教一群日本女人编织篮子，她们不断发出阵阵笑声。田中夫人向我招了招手，邀请我也加入其中。

原来，田中夫人其实是一位插花老师，在她的热心安排下，在接下来的一年里，我每个星期一放学后都去她家，学习草月流花道。那里没有压力，也没有竞争，那里是一个安全港，人们彼此建立联系、享受友情。那时，我是一个身在异国他乡的孤独少女，当田中夫人邀请我跨过寺院的那扇小门时，她其实是邀请我进入一个美与文化的世界，更重要的是，邀请我进入了田中夫人的圈子。

这段回忆再次涌上心头，是因为我读到了曼彻斯特都会大学最近的一项研究，这项研究表明，想要获得成功的压力加深了年轻人的孤独感，英国1/3的年轻人都饱受孤独感的困扰。这项研究同时列出使年轻人孤独感加深的部分因素，包括对失败和让他人失望的恐惧、社交媒体的压力、生活的重大变故、贫困及没有归属感。[4]

尽管这项研究关注的是年轻人，但在整个社会，不管年龄如何，我们都可以看到这样的现象。上学的时候，我们始终在与他人竞争，在学习成绩上竞争，在运动会上竞争，在音乐比赛上竞争，更别提在社交媒体上的人气比拼了。工作以后，还是相同的情况：谁升职了？谁评上了“年度员工”？谁的销售业绩最好？当了父母也并没有变化：谁家孩子先开始走路？谁家孩子先开口说话？谁家孩子得了这个奖或通过了那个入学考试？我并不是说不应该为自己和自己最亲近的人所取得的成就而感到自豪。我们当然应该自豪，但同时也应该注意我们所称赞的是什么，是我们这个人，而不只是我们所取得的成就。也就是说，在为自己所取得的成就而自豪的同时，我们也要认可自己付出的努力。

如果我们能更多地表现出我们会尊重并接受所爱之人的一切不完美之处，那么我们就可以让他们更明确地知道他们不会因为偶尔没有获得成功就被评判或抛弃。如果我们能帮助他们更好地安身于周围实实在在的世界，而不是他们在手机里看到的那个世界，那么我们就更有可能帮助他们产生归属感。

## 爵士咖啡馆带来的启迪

21 年前，在一个 8 月的夜晚，我和我的蓝月亮乐队在一个灯光昏暗的爵士咖啡馆进行现场演出。我负责贝斯，我的妻子杏子是乐队主唱，我们的朋友涩江先生是鼓手。咖啡馆的门开了，一位年轻的英国女孩走了进来。她顶着一头蓬松的金色长发，背着一个小帆布背包，脸上带着大大的微笑。

这个英国女孩向涩江先生挥了挥手，然后走到吧台，点了一杯啤酒。演出结束后，杏子走过去跟这个英国女孩交谈，她显然是刚开始在涩江先生的办公室里工作。（涩江先生白天是政府官员，晚上是鼓手。）没过几分钟，杏子和英国女孩就开始亲密地聊天了。又过了几分钟，英国女孩看起来很惊讶，也很开心，并开始点头、鞠躬。

我走过去，想看看是怎么回事。“这是贝丝，”杏子说，“她刚从英国来到这里，没有地方落脚，所以我跟她说可以来跟我们一起住。你不会介意的，对吧？”

因此，从那时开始，在接下来的一年中，我们的家都被称为“足立思乡外国人医院”。在这个有些不寻常的房子里，我们有一间小小的音乐工作室，有一个内置型吧台，还有一架大钢琴。在贝丝和我们一起住的那段时间，这个房子里常常挤满了外国人，当然同样还有很多日本人，他们来这里有时是为了参加派对，有时是参加我们的果酱制作培训班，还有时是来跟我们的朋友富士学习制作鸡尾酒。

我们常常聊天到晚上，伴随着窗外纷飞的雪花，一边吃着日式火锅，一边分享故事。我 20 多岁的时候，曾在海外生活过几年，当时一路走来，遇到过很多人，他们都对我非常友好。那时我住在伦敦诺丁山，那时那里还远未成为热门景点，我就靠打点零工来赚钱买食物、给我的摩托车加油。

贝丝来跟我们一起住又让我想起了那些出门在外的日子。贝丝充满了能量和好奇心，她每天从在本地政府工作的办公室回到家时，总会带来许多逗趣的故事——有关她遇到的各种各样的人或者各种各样的事。

如今，我们的生活发生了很多变化，但我们对简单事物的喜爱却始终未变。畅快的交谈、沁凉的啤酒、真正的友谊，我每天都会细数生活中的幸事。随着年龄的增长，我越来越珍视简单生活的恩赐。

这就是足立道幸（Michiyuki Adachi）记忆中我们相识的样子。足立先生是我认识的最亲切、最慷慨、最知足常乐的人之一。我认为，他能同时集这些特质于一身，并不是巧合。现在，足立先生在一家成功的公司里担任总裁，每隔几年，他都会组织公司员工到海外旅行，也鼓励在办公室里创造一种欢乐的气氛，因此，他们公司的员工离职率近乎为零。当我了解到足立先生的名字“道幸”在字面上的意思就是“道路幸福”，或者用足立先生自己的话说是“享受旅程”时，我不禁微笑起来。在如何找到满足感方面，足立先生和他的妻子杏子教会我很多。寻找满足感，要从浇灌与他人的关系开始，最终的结果是对一切都心存感恩。

当然，有时我们也需要对陌生人保持警惕。不过，我们有一个天生的直觉系统来帮助自己辨识危险，从而保证自己的安全。通常，在旅行的时候，你选择如何旅行，别人也会以相应的方式来对待你。如果你带着开放的胸怀和头脑去探索，那么你通常会有同样的收获，而这正是我一直以来在日本所体会到的。

## 面对面交流

在我为本书做研究的过程中，几乎每个大方同意接受访谈的人都要求我与他们当面交流。在这样一个视频通话完全免费的时代，如果只是为了一次交谈就坐飞机飞越半个地球，那看起来真是太夸张了，但这确实很重要。日本人可以在美好中体会到侘寂，靠的是一种直觉，也正是这种直觉使他们选择把你作为一个独立的人来解读。他们知道话语之间有许多弦外之音，知道那些没有说出口的话隐藏着更多深意，也知道如果想要实现心与心的交流，没有什么比面对面更好的方式了。

日语中有一个短语，"空気を読む"，字面上的意思是"读空气"，指的是感受氛围并采取相应行动的能力。氛围的蛛丝马迹可能来自肢体语言、面部表情，也可能只是一种感受。如果你具备"读空气"的能力，那就更容易使自己所在的群体内部实现和谐，因为这种能力使你可以在他人明确表明需求之前就想到这些需求，可以明白什么时候该说话，而什么时候该聆听。这并不是只有日本人才能获得的能力，任何人在运用了自己的直觉、情商和同理心后都可以获得这种能力。当你试图讨论某些敏感话题时，当你想要分享某些不那么容易接受的新闻时，或者只是想要表现出自己一直与他人保持一致时，这种能力都是非常宝贵的工具。与其单纯地用眼睛去看、用耳朵去听，不如试试通过让自己全身心地投入和真正聆听来用心了解一个人，体会一段对话。看看这会带来什么样的变化。

## 从容统治一切

源自侘寂的世界观可以帮助我们在混乱中找到平静。

根据"全球和平指数"（Global Peace Index）[5]的数据，日本是全球最和平的十个国家之一。《每日电讯报》(*The Telegraph*)的丹尼利·迪米特里欧(Danielle Demetriou)近期写道:“东京可能是世界上人口最稠密的城市之一，但这个城市却有一种从容而高效的韵律，从而掩盖了它的庞大和纷繁复杂。”接下来，她话锋一转，来到京都，指出在这个城市里，有河畔的樱花树，云彩一样的花朵开满枝头，还有禅园，里面有耙沙和受俳句启发而设计搭建的假山，这一切都让京都这个城市呈现出一种完全不同的韵律。[6]

在日本，除了拥挤的地铁、吵闹的弹珠机[7]、公共场合聒噪的广播通知，还有一种贯穿一切的从容——邀请你放松下来，做个深呼吸。有些人可能会说这与寺院和神社的盛行(仅京都就有2 000多座寺院和神社)及随处可见的自然元素有关；有些人可能会说这根植于日式审美，而在这个国家，正是这种审美让人们可以在最意想不到的地方找到片刻宁静、简单和美；然而，还有些人可能会说这与人们的行事方式及彼此之间的互动模式有关。

在纷乱的生活中找到一个让人感到从容的空间，可以帮助我们更好地应对生活，做出更好的决策，帮助我们保持平静，与他人进行更好的沟通。这也有益于身心，因为它可以帮助我们在遭遇意外或挑战时避免让压力的激素把我们压垮。

总有些时候，在某些地方，我们会感到激动、喜悦，会感受到令人兴奋的欣喜，甚至会有焦急的期盼，这些极端的情绪几乎不会与从容同时存在。而当我们对生命的体验不断深入时，我们会发现它们也确实是生命的一部分。然而，如果我们长期处于极端情绪中，不管是正面的还是负面的，都会觉得筋疲力尽。我们每天都会经受很多压力，面对很多不确定性，如果在此之上还要压下这些极端情感的重担，那就会造成混乱。从容会是一剂颇受欢迎的良药，可以让我们找回平衡，展示清晰的思路、宁静的心态，并在不动声色中发挥才能。

这也提醒着我们，不管怎样，一切都是短暂的，不完美的，也是不完整的，同时也鼓励我们抓住一切机会去寻找简单和安宁。

## 从容沟通

在21世纪到来的时候，我身在东京，为2002年韩日世界杯组委会工作。两个国家共同主办世界上最大的体育赛事之一，无疑会面对各种操作层面和政治层面的挑战及许多棘手的谈判。尽管如此，这仍然是日本官员难得的与欧美同行打交道的一次机会，而且日本一方也获得了一些话语权。

那次经历让我明白了从容沟通的可贵。在沟通交流的过程中，大家的观点差异巨大，许多问题看上去根本无法解决，参与其中的各方也都大为受挫，更不要说那些由于文化差异而产生的误解了。然而，用愤怒或强硬且激烈的话语并不能解决任何问题。最终，经过有经验的口译员居中协助，温和的沟通方式占了上风。

我们每个人都想把自己的想法表达出来，并得到理解，而在沟通的时候保持从容可以帮助我们更好地表达想法并获得理解。当别人用一种特别强硬的方式与我们对话，把观点强加于我们，出口伤人或者说些我们强烈反对的话时，我们在如何回应的问题上，其实面临不同的选择。我们可以选择用一种会让负能量增加、让双方对抗加剧的方式来回应；也可以选择从容应对，从而让双方的讨论更理智一些；甚至可以干脆选择结束对话。这并不是说要一味地赞同，或者退让，而是说要利用从容这个工具来实现更好的交流，避免产生额外的压力。

## 言语之外

在与他人交流时，我们都会用到肢体语言和面部表情，也会用到不同的语调和能量。依据对这些要素的选择和使用，我们可以开始或结束一段交谈。一旦有人选择了结束，那么他就很难再听到你想说的话，如果你因此让自己陷入负能量的旋涡，那你也很难再听到别人想说的话。

关于从容沟通，我在日本学到的最重要的一点是，你可以把自己的感受表达出来，而不是用这种感受来直接回应他人。因此，如果有人让你生气了，你可以向他人说明自己很生气，但不用大喊大叫；你可以让别人知道你现在很紧张，但不需要说话的时候带着脾气。如果你能做到这样，那每个人的感觉都会更好。

对说日语的人们来说，除了说出口的话语，其实还有很多意思并不是用话语来表达的。从礼貌的程度到鞠躬的角度，从氛围到无须语言就可取得的共识，在语言文字之外，日语中还有一个广阔无垠的世界，其中的微妙之处大都难以被翻译出来，但很多有价值的因素却是我们每个人都可以领会并掌握的，包括敏感、耐心、真心聆听、为他人着想等。

## 温泉带来的启迪

我可以清楚地记起自己犯错误的那一刻。

有那么一段时间，我手头的事情堆积成了一份长长的清单，每天我都在风风火火地完成其中的事项。有一天，我得了伤风，仍坚持工作，但大女儿一直拽着我的胳膊，全然不顾我还在打字；小女儿则在我脚边摸来摸去，寻找洋娃娃丢失的一只鞋。我正在预订自己的温泉之旅，我本来应该等到一个人静下来的时候再预订，但是我已经没有多少时间了，所以只好继续进行操作。不过这确实不是个好主意。

一周后，我来到上林温泉。这里是长野县的一个偏远地区，为了来到这里，我先搭乘夜里的航班，然后又坐了很长时间的火车，因此，到达的时候我感到非常疲惫。首先迎接我的是热黑豆茶和友善的值班经理，这样的开端非常不错。不过，接下来，值班经理就露出了不解的表情。

“您的同伴在哪儿呢？”他问道。

“就我一个人。”我答道。

“噢。”

原来，我在预订这家温泉度假村时，只是按照两人入住一个房间的条件支付了 250 英镑的房费，尽管其实只有我一个人住。这个价格不包含任何餐食，而且现在再点餐也已经来不及了，因为已经通知厨师就餐人数了。如果你在日本泡过温泉，你就会知道，在这里，泡温泉的一大享受就是当疲惫的身体在温泉中被充分浸润过后，你穿上棉质浴衣和服，享用一餐精心准备的当地美食盛宴。泡温泉有两大意义，美食就是其中之一。没有人会在温泉度假村只预订房间。

“非常抱歉。我可以告诉你一家非常好的拉面馆，就在马路那头。”值班经理说道，想要帮我解围。

我觉得非常懊恼。外面有 1 英寸[①] 厚的积雪。我也很确定自己在泡过热腾腾的温泉后，肯定不想在冰天雪地里跋涉到马路那

① 1 英寸＝2.54 厘米。——编者注

头就为了吃一碗面条，特别是想到其他人都在酒店里享受真正的盛宴时。

当然，这是我自己的错。[好吧，是我和亿客行网站（Expedia）的错，因为是这个网站推荐了在温泉只订房间的方案。]然而，即使知道了这一点也无济于事。有个声音开始在我脑中喋喋不休：你为什么当时就不能花5分钟来集中精力，一开始就把预订都搞对？为什么不花点时间读读细节？这太常见了。（尽管其实这在我身上一点都不典型，我通常很擅长安排后勤事务。）有时混乱的局面仿佛自己有生命，完全不由你控制。

不过，此时，我口中突然冒出了日语，心里也充满了歉意。“哦，请不要担心，这完全是我自己的错。我预订的时候应该看仔细一些的。真是太遗憾了，我其实一直都盼着品尝一下长野本地的美食呢，但是都是因为我自己的问题，才让这一切泡汤了。刚才还让你因此而觉得为难，我感到非常抱歉。”

在这种场合，只有使用日语这种特别礼貌的语言才合适。而且一定是我说日语时的声音和语气里有些什么，也许还有我的肢体语言，应该也跟值班经理的很像，因而让他重新开始考虑。也许，正是因为看到像我这样一个疲惫的外国人，只想泡个热腾腾的温泉，享受一顿美味的餐点，但发现愿望落空后，反应却出人意料地平静，没有不依不饶，也没有大呼小叫，只是不断地道歉，值班经理才决定再考虑一下。

> “请坐，喝杯茶，吃点蛋糕。我现在赶快回办公室，看看还有没有什么办法。”他说完，鞠了个躬，便急匆匆地走了。
>
> 值班经理去打了一个电话，然后在我还没有吃完欢迎茶点的时候就赶了回来，还带来了一个好消息。他在我身旁跪下来，再次道歉，然后说主厨考虑到我大老远赶来，今天可以破例，欢迎我享用一份由度假村买单的12道菜的晚餐，不知我是否介意这样的安排？我会介意吗？我已经惊讶得不知所措了。

谦卑温和也会收获谦卑温和。没有虚张声势，不给人施加压力，只有亲切、友善。

那天晚上，在酒店餐厅，当我品尝莲藕鲜虾豌豆味噌汤时，我在思考这件事。接下来，我默默祝祷，感谢大厨为我精心准备了油炸当归炖牛蒡，这道菜端上来时还带着因油炸产生的呛人烟圈，有一股泥土和树木的味道。然后，一盘洋葱炖长野牛肉被端到我面前时，盘子下面还有小蜡烛在持续加热。此时我在思考，为什么在面对问题时，我们的自然反应总是会给人带来压力，不是愤怒就是指责别人。在这之后，当我用筷子搅拌采自本地的蘑菇时，我意识到愤怒或指责别人几乎从来不会有助于解决问题。

最后，等到蛤蜊汤和用本地大米煮的米饭及本地腌菜被端上桌时，我已经想出三个问题来帮助自己用更从容的心态来面对有挑战的情形。下一次，当你在冲突中想要尖叫时，做个深呼吸，然后问问自己以下问题。

1. 我真正的感觉是什么？在最初的愤怒或挫败感之下，隐藏着怎样深层次的感觉？也许，这个感觉与其他因素有关，比如孤独、害怕、内疚或伤心。这样做将帮助你压一压一开始就冲上脑门的怒气。

2. 现在的状况如何？为什么我面前的这个人要跟我说他 / 她现在说的这些话？认真听，并尝试去理解他 / 她的观点。就算你不同意这些观点，这样做也有助于你理解，也会帮助你冷静下来，并选择更有效的方式来进行回应。

3. 我想说什么？为什么我觉得自己需要说？

是因为你想找到解决方案，从而让大家走出当前的局面？还是因为你的自我想要报复或在争执中占上风？关注点应该是找到大家都能接受的解决方案，而不是一味竞争或取得形势的掌控权，这样调整关注点后，你可以更从容地面对自己的处境，更迅速地解决问题。

下一次，当你发现自己的怒火在升腾，或者发现自己在对孩子、伴侣或同事发脾气时，试着想想这些问题，看看自己是否可以用更从容的方式来解决问题。然后，当你这么做了以后，请关注一下自己的感受有何不同。

尝试用侘寂的世界观来看待自己的所有人际关系，你很快就会发现，它们已经变得非常不同。

关于浇灌人际关系：源自侘寂的智慧

- 侘寂打开了一片爱的空间。
- 没有人是完美的。当我们学会了尊重彼此的不完美之处，我们之间的关系也会随之加深。
- 茶道四原则，也就是和、敬、清、寂，可以帮助我们建立良好的人际关系。

## 实践时间：将茶道之精髓融入日常生活

回想一个与你特别亲近的人，也许是你的配偶、孩子、父母、朋友或同事。思考一下，在你与这些人的日常相处中，有什么办法可以运用下面的几个原则，把这些办法写下来。你列出来的办法可能是一些情感上或可运用于实际操作的建议。

和，和谐

- 有哪些事是你可以用做得更多来促进和谐的？
- 有哪些事是你可以做得少一些来促进和谐的？

- 有哪些事是你可以用不同的做法来做的？
- 有哪些事是你可以进行首次尝试的？
- 为了和谐，有哪些事是你可以不再执着的？
- 在他们的生活中，你可以发现哪些细节？有哪些细节是更需要你关注的？
- 这个人的自然韵律是什么样的？在你们的共同生活中，你如何更多地照顾到这一点？（比如，选择合适的时间来进行重要谈话；在漫长的一天结束后给他留一些空间；建议他在忙碌了一周后睡个懒觉。）
- 你如何帮助他们在你们共同的生活中更多地照顾到你自己的自然韵律？
- 关于你自己，有哪些方面是可以与他们分享的，从而让他们更好地支持你？

**敬，尊敬**

- 这个人的身上有哪些方面是令你尊敬的？你如何让他们知道这一点？
- 此时此刻，你可以用哪些方式来让他们感受到你的亲切友善？
- 在你与他们的关系中，你可以用什么样的方式来表现谦卑？

**清，纯净**

- 如果让你在那个人身上寻找一个最大的优点，你会找到什么？

- 你如何让他们知道这一点?
- 想想你们之间最近的一次冲突或争执。如果你一开始就秉持发现对方优点的态度，甚至在冲突发生之后仍然如此，结果会有什么不同?
- 你是怎样关心这个人的?把所有方式都写下来。用一个有意思的方式让他们知道。

寂，寂静

- 在人际关系中，你如何培养一种从容的感觉?
- 是否在某些时刻或某种场景中，你倾向于做出情绪化的反应?如果你用和、敬、清、寂来处理冲突，会有怎样的收获?(这样做可能并不容易，但却可以让结果大为不同。)
- 在你们相处时，你如何积极地创造更多空间和平静?

# 第 7 章

## 享受职业旅程

我无法想象在与一个日本人谈论职业生涯的时候会聊到侘寂这个话题。“职业”这个词会让人想到奋斗、竞争、压力，以及一个特定的目标。侘寂让人所能想到的则与此完全相反。不过，我已经花了十年时间来帮助人们转换到一个能让自己愉悦的职业中去，或者帮助他们找到新的方法来重新爱上自己的职业。因此我非常清楚，通过侘寂的镜头来看待自己的职业，其实可以收获很多。

侘寂所倡导的核心是一切都是短暂的、不完美的，也是不完整的，这在我看来就是为我们在职业中进行探索和实验发出了一张巨大的许可证。尽管我们通常都认为职业生涯是线性的，但侘寂却提醒我们生命是有周期的，我们在一生中并不是只能有一个职业。这一章将要讨论的就是如何享受职业旅程，我将从理解你现在所处的位置开始，这样你就可以选择如何继续前进。

# 注定不完美的良性循环

人们总会有些矛盾的渴望，想融入，又想出色；想随大流，又想独占鳌头，这些都是在追求远方那些飘忽不定的完美，对我们在此时此地已经拥有的生活来说，都是一种严重的干扰。

通过工作，我意识到完美所散发的诱惑可以有很强大的影响力，而且还不是积极的影响力。它会悄无声息地渗入人们生活的各个领域，尤其是职业生涯；会摧毁人们的信心和自尊，会提高焦虑和压力水平；还会实实在在地影响人们如何分配自己宝贵的资源，特别是如何分配时间和金钱。

在工作中，我碰到的职业生涯状况主要有以下五种。

1. 我热爱这份工作，但它压力太大了。我不确定自己是想换个职业、换个工作，还是只想找到一种更好的工作方式。

2. 我讨厌这份工作，但觉得自己动弹不得（因为缺乏自信，或者不知道自己能做哪些工作），或者是陷入了困境（因为目前所处的实际状况的限制，比如由于财务上或者合同义务上的限制）。

3. 我的工作还可以，薪水可以负担生活，但是……（或者我目前这份工作做得不错，不过……）我的梦想是干别的（通常都是更有创意的工作），尽管一想到真的去做这份梦想中的工作我就会觉得害怕。

4. 我近期的主要工作是带孩子。我在计划重新开始工作，但在工作时间和安排上需要更灵活。我不确定原来的工作是否还适合自己。或者我对自己带孩子的这段经历感到很自豪，但现在他们都长大一些了，我想给自己找点事做。

5. 我被裁员了，不知道这是个噩梦还是因祸得福。

几乎在所有案例里，我的客户认为的问题，几乎都不是真正的问题。很多人都表示钱和时间是自己面临的主要挑战，然而这其实通常只是个按照优先级合理排序的问题。（本书第 8 章中有一些小提示可以来帮助你按照优先级对事务进行排序。）同时，这通常是因为我的客户并不了解如今有许多灵活的工作岗位，也有许多机会进行远程工作或自己创业。

虽然从表面看来这是抗拒改变和有“被困住了”的感觉，但真正的原因其实隐藏在表面之下：害怕自己不够好；害怕自己知道的不够多；害怕失败；害怕迈出脚步后无法预测是否可以成功；害怕失去控制（不过这并不是说我们从一开始就掌握了控制权）；害怕自己不完美。尽管每个人的情况不同，但我逐渐发现了一个规律，即“为追求完美而失败”的恶性循环，看起来就如图 7-1 所示。

我们可以使用我在本书分享的所有源自侘寂的智慧和工具来逐渐接受“一切事物都是短暂的、不完美的，也是不完整的”这一观点，从而帮助自己打破上面的恶性循环。同时，如果只是让自己放松，对自己更好一些，选择享受整个旅程，我们也可以收获很多。

在这两方面的帮助下，我们就可以转入一个“注定不完美”的良性循环了，如图 7-2 所示。

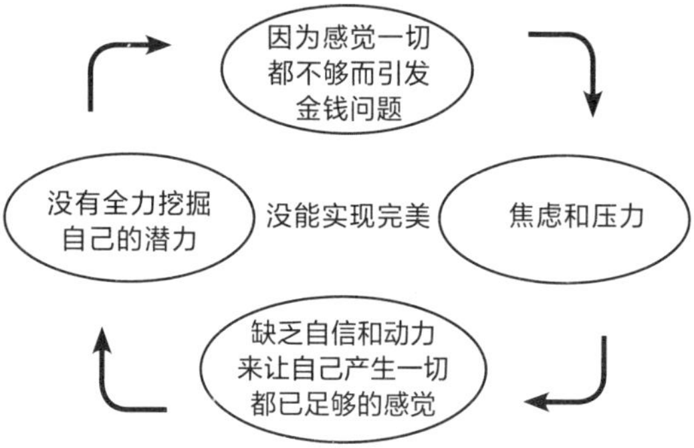


图 7-1 “为追求完美而失败”的恶性循环

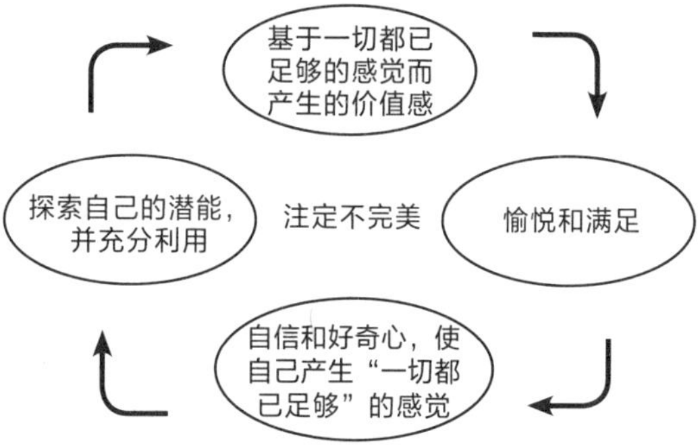


图 7-2 “注定不完美”的良性循环

## 运用源自侘寂的工具

每次参加有商界人士的学术讨论会或者主持相关公开论坛时，

我几乎总会遇到一个关于竞争、比较和圆满的问题。在企业经营过程中，当你能眼观六路、耳听八方时，你很难做到不把自己的成功与别人进行比较。

在工薪阶层的世界，情况同样如此。你一方面想要对公司和行业内的动态时刻保持警惕，而另一方面又不想让自己陷入攀比和竞争的氛围，这是非常困难的。如果这有助于你追求某些自己真正想要的东西，那就是有益的。但如果这让你偏离了自己的道路，那就是破坏性的。

请牢记：别人的成功并不会妨碍你获得自己想要的。他们的成功甚至会为你和别人带来更多的机会。他们走他们的路，而你则应该走你自己的路。不管你想去哪里，你都拥有让自己到达那里所需的一切。

在职场之外，你会运用自己的办法来经营人际关系、重新构建失败、接受注定不完美的自己，这是很重要的。而在职场中，运用这些办法也是同样重要的。如果你诚实正直，同时展示出自己的内在美，那么任何公司、任何客户都会因为你的加入而感到幸运。如果他们没有对你表示欣赏，那你就问问自己的内心，看看是不是应该不再停留，而要继续前进了。

内心指引你沿着一条不完美的道路前行，而这对你来说正是一条完美的道路。

# 审视你的职业：由表及里

不久前，我参加了一个外部会议，会场上首先打破沉默的那个问题就是：“如果没有了工作，我们在你身上还能找到什么？”在场的一位女士当即僵在了原地。你可以看到一种如梦初醒的感觉像波浪一样从她的头顶传递到脚跟。“什么都没有了。我就是我的工作。直到这一刻我才意识到这一点。哦，哇哦，我没想到是这样。我需要做些改变了。”

这位女士是我认识的最聪明、最积极、最有趣、最亲切的人之一。可是，即便如此，谈到自己工作之外的生活，她仍然无话可说。我恰巧知道她的书桌里塞着一本写了一半的剧本，知道她热爱旅行，还知道她有一群有趣的朋友。然而，为了追求职业生涯的完美这样一个虚幻的目标，她把这一切都推到了一边，结果工作吞噬了她的整个生活。她的生活变成了一切表面的东西，成就、褒扬、晋升、薪水、地位等，忙碌变成了她的职责。这位女士与我们中的许多人一样，已经忘记了隐藏在表面之下的事情也很重要。

因此，让我们花点时间回忆一下日式之美的四个情感基础，看一看把它们运用到我们的职业生涯中会怎样。

## 物　哀

对生活中转瞬即逝之美的感知。

1. 你现在的职业有哪些好的方面？

2. 思考一下你现在处在生命的哪个阶段，处在职业生涯的哪个阶段，然后把下面这个句子补充完整："现在该是……的时候了。"

3. 为了充分利用当下，你首先要做什么？

## 幽　玄

运用我们的想象力来看世界的深度，是神秘之美，是意识到我们自己只是某些远大于我们自身的事物的一部分时所体会到的美。

1. 为了控制自己职业生涯的方向，你付出了多少努力？如果你稍稍放松一下，给未知留点机会，那会发生什么？

2. 在你的职业生涯中，你有什么更深层次的目标？

3. 如果你有一些尚未实现且尘封已久的梦想，那么在工作安排上，你可以做些什么样的改变，好让自己能在这些梦想上花点儿精力？

## 侘

发现了简单中的美时所产生的感觉，远离了这个物欲横流的世界中的种种陷阱后找到的静静的满足感。

1. 你如何简化自己的职业生活？你如何积极地减少工作量、整合各种与外界的沟通，好让自己只专注于真正重要的事情？

2. 你如何尽可能地减少剧情夸张的事情，远离钩心斗角和流言蜚语，让自己的工作、生活更为从容？

3. 如果你因为自己的完美主义倾向而使工作量过大，那么如果你愿意把部分工作托付给别人，你的面前会有怎样一片新天地呢？

4. 如果你觉得现在的工作只是为了养家糊口，那是否可以重新审视一下自己的财务状况，找到一种方式来让自己生活得更简单，来减轻工作上的压力？

5. 你的工作对你来说容易完成吗？你在工作中如何运用自己的天赋？在这方面，你是否可以做得更多？

## 寂

一种随时间流逝而产生的深邃而平静的美。

1. 多年来，你的职业生涯是如何发展的？你学到了什么？

2. 你是不是试图强行加快自己职业生涯的发展速度？如果你放松下来，顺应职业生涯发展的节奏，允许自己逐渐积累、前进，会有什么不同？

3. 如果你觉得现在该做出改变了，那么你学到了哪些可以让自己在别的地方有所作为的技能？在生活这个大课堂中，你学到了哪些可以在自己职业生涯下一阶段发挥作用的事情或技能？

美的这些情感元素在日式美学中发挥了重要作用，与此类似，它们在指引你的职业道路方面也有重要意义。这些情感元素需要的是暂停，是关注，是侧耳倾听，是打开心扉迎接奇迹。

# 当代日本人的生活

从 17 世纪早期到 19 世纪中期的 200 多年时间里，日本一直实行一项名为“锁国”的孤立主义国家政策，因而一直与世界隔绝。1853 年，马修·培里准将（Commodore Matthew Perry）率领著名的“黑船”从美国来到东京湾，终结了日本的“锁国”状态，迫使日本重新开港，进行对外贸易。在接下来的短短 5 年间，日本又与其他许多国家签订了条约，包括英国和俄国。

在此之后，各种思想和技术涌入日本，对日本人的生活方式产生了不可逆转的影响。第二次世界大战后，这个国家逐渐崛起，从一个经济弱国变成了一个世界强国，西化也随之而来，包括西方服饰、西方的生活方式，从某些程度上说还有西方的思维方式。从那时开始，日本就变成了一个有高科技、高收入的国家。人们变得富裕起来，生活水平也普遍提高。在这些新兴财富的催化下，城市迅速扩张，无数摩天大楼如雨后春笋般拔地而起，著名的子弹头火车也是在此时成为现实。

就算你没有去过日本，脑中也很有可能会有一幅日本上班族生活状态的图景。也许其中会有穿着西装的工薪族或不幸被称为 OL（Office Lady，办公室女性）的白领女性，他们都被带着白手套的车站工作人员推着挤进拥挤的通勤列车；也许其中会有筋疲力尽的工人，在下班回家的路上打起了盹儿。也许提到日本，你脑海中会出现一个标志性的画面，那就是在涩谷十字路口，成千上万的行人在闪烁的霓虹灯和巨大的显示屏下穿梭，每个人心中都有一个目的地。

东京有一种难以置信的能量，确实有上百万人在东京和全日本各个城市过着这样的通勤生活。很久以前，我也是其中一员，而且很喜欢这种生活的某些方面。然而，如今，就像在世界其他许多地方一样，对于不想再这样每天都在匆忙中生活和工作的人来说，在他们面前，已经有了更多选择。

## “慢”革命

在岛根县（Shimane Prefecture）的大山深处坐落着一座很有魅力的小城，名叫大田（Ōmori-chō）。在最繁荣的时候，也就是几个世纪以前，大田周围的石见银山（Iwami-Ginzan）是世界上最大的白银矿区之一，有 20 万人在此生活、做工。然而，1923 年，银矿关闭了，这座城市就像其他因为采矿而繁荣起来的城市一样，开始逐渐衰落。大田的人口持续减少，如果不是当地人做出了巨大努力，这个城市可能早就在地图上消失了。在为此而努力的当地人中，松场夫妇堪称先驱。他们于 20 世纪 80 年代初搬到这座小城，帮助这里获得了新的生机。现在，石见银山被联合国教科文组织认定为可持续发展的一个典范。[1]

在将近 40 年前，设计师松场登美（Tomi Matsuba）和她的先生松场大吉（Daikichi）带着年幼的女儿移居于此。大田是大吉的家乡，他们认为这里生活节奏缓慢，与过去居住的名古屋相比，更适合他们这个年轻的小家。由于这里的就业机会更少，登美开始用一些旧布料制作拼接布艺制品，然后由大吉卖给各个零售店。这个起点看起来不起眼，但随后，两人的生意逐渐成为日本慢衣领域的领军者[2]，在日本各地都设立了名为“群言堂”（Gungendō）[3]的品牌专卖店。现在，他们的公司在大田有大约 50 名当地雇员，而在其分布在日本全国各地的店铺里，还有更多雇员。

登美告诉我：“我们不认为自己是个时尚品牌。关于我们的价值观念，持认同态度的人越来越多了，这也就是为什么他们会选择我们的产品。我们的使命是保证所有产品的品质，保持其文化内涵，以帮助人们保持一种温和而真实的生活方式。”

除了使用产自当地的自然材料和雇用当地劳动力来生产极具其品牌风格的服饰和家居用品，登美和先生还对许多历史建筑进行了修缮，以期保留这一地区的历史。前来参观并入住的宾客可以体验堪称日本最令人满意的传统日式住宿服务，[4]还有几栋被当地社区用于艺术表演和展览的建筑。

如今，如果沿着大田主街道闲逛，你会看到，几个年轻的妈妈在街边烘焙店外聊天，有些人骑着自行车去上班，还有些年龄稍大的人结伴而行，准备上山摘蔬菜。你会走过一排又一排精心维护的木制房屋，听到人们彼此亲切地打着招呼，准备开始一天的生活。这座小城就是慢生活的体现，如果身处小城中的社区，就会发现那些把这里称为“家”的人都有一种实实在在的地方感和一种实实在在的自豪感。

登美在这里经营的生活和事业让她乐在其中，而且在这个过程中，她的工作发生了多次变化。登美是社区的支柱，她也因自己让社区重获活力所做的努力而感到自豪。自 2011 年的东日本大地震以来，迁居到这座小城的人明显增多，这促使很多人开始重新考虑物质上成功的重要性，并因此对不同事务的重要性有了新的排序。

登美和先生不仅开拓了一门可持续发展的生意，同时也积极地用自己的经历诠释了职业生涯可以是多面的，并且是会随着时间的推移而持续变化发展的。开始的时候，他们并不知道前方等待自己的将是怎样的道路。现在，已经成为外婆的登美仍然精力充沛，脑中充满了各种各样的想法。自己毕生的事业将永无终点，登美对此满怀感激。

“群言堂”的信条是“有根的生活”。登美说：“我们理想的生活方式像一棵树，也就是扎根大地，让根基在地下不断扩展，从而让自己稳稳地站在地上，慢慢成长。对于我们来说，现在这样的生活方式就是扎根大地，享受自己的日常生活，在生活中追求长期目标，并积极地影响自己周围的人。”

就我个人而言，特别让我受到鼓舞的是，登美在 43 岁的时候才创立了“群言堂”这个品牌，并没有比写下这些文字的我年长几岁。如果想创造些特别的东西，永远都不会迟。登美让我们看到，一份职业可以在不断发展的过程中让许多散落的、闪闪发光的财富显露出来，但要想看到这些财富，你就必须顺应这段旅程，跟随自己的内心，建立一种职业哲学，而不是单纯地定下一个职业目标。

## 走你自己的路

在日语中，我最喜欢的汉字之一就是“道”。当这个字读作“michi”时，意思是“途径”或“道路”；但当它与其他字合用时，通常是“方法”的意思，这时它的读音为“dō”。你可能听到过这样的词，比如 chadō 或 sadō（“茶道”的不同读音）指的是“茶的方法”，bushidō（武士道）指的是“武士的方法”，而日本书法则被称为 shodō（书道）。在大众武术中，我们可以找到 jūdō（柔道），也就是“温柔的方法”；还有 karatedō（空手道），在日本以外的地区通常被简称为 karate，也就是“赤手空拳的方法”。

与此类似，我们的职业也是道路。当我们回望自己走过的路，会发现它不仅曲折，还经常会有倒退的迹象。有些转弯比较平缓，有些则很突然。努力很重要，奉献也会获得回报。我们花了多长时间才走到今天的位置并不重要，要到达下一个目的地，我们还需要花费多少时间也不重要。事实上，结果本身不重要，取得这些结果的过程才重要。

## 道场（dōjō）带来的启迪

如今，如果你想找到多媒体艺术家萨拉·卡巴拉迪（Sara Kabariti），那最好是去她的绘画工作室，而不是去道场。不过，尽管在日本接受武术训练已经是大约30年前的事了，但萨拉表示那段经历至今仍在很多层面影响着自己的生活。“简单地说，我学会了如何学习，体会到了自律、勤奋和执着的重要性，同时意识到了用高涨的热情和愉悦的心情来处理自己面对的一切也是十分重要的。我花了几百个小时来反复练习，重点关注我的身形和力量。”

在美国国家教科书出版公司（NTC）《日本商业规范关键字词典》（*Dictionary of Japan's Business Code Words*）中，词条shūgyō（修业，译为“为获得直觉、智慧而进行的训练”）下明确写道：“在日本的价值体系中，做事的方法比做事所得的结果更重要……日本人认为，如果某些知识或技能学起来很难，那就需要付出更多的努力来学习，而这些知识或技能也就越发有价值。”[5]

在日本，形就是一切。在手工制造业中是如此（这解释了为什么手工匠人要花几十年的时间才能真正看清自己所掌握的技能），日本人对待生活的态度也是如此（这解释了日本人生活中的大部分礼节和仪式）。陶艺匠人真希子・希斯汀（Makiko Hastings）描述了她如何努力改进作品的形式，但在整个过程中她从没想过要实现绝对的完美。希斯汀知道，不完美是事物的真正特质，因此她始终在努力，希望不断接近自己的最佳水平，但同时对自己最终所能得到的结果也并没有抱不切实际的期望。

## 优秀胜于完美

如果把“优秀”的概念当作一个激励人的目标，那它可以非常有价值。与此形成鲜明对比的是把“完美”这个虚幻的概念当作努力的目标，并且期望自己终有一天能实现这个目标，进而无情地逼迫自己一路披荆斩棘、一往无前，直到筋疲力尽之后才沮丧地发现，这一切都是因为，从一开始，那个目的地就注定是无法到达的。对这两个概念的理解，差异其实不大，但影响却是巨大的。

对形的特别关注让萨拉・卡巴拉迪获得了回报。萨拉回忆起自己参加欧洲杖道锦标赛[6]的经历，她告诉我，只要发现对手想要使用杖道中的长“型”（kata），她就会感到特别紧张。这时，教练会走到她身边，对她说：“萨拉，无论如何，你都接受过培训了，你的身体知道该如何应对，但你的大脑不允许它这么做。”在那一刻，萨拉豁然开朗，放松了许多。她随即明白，我们必须设定目标，不断练习，尽己所能，剩下的就是相信自己。最后，萨拉和搭档在那次锦标赛中获得了金牌。

萨拉说："当我们放下执念，并相信奇迹真的开始出现了，最好的状态才会出现。日本人都很擅长用阻力最小的方式来应对自己面临的局面，就算这些方式看起来并不符合逻辑。武术教导我们要随着能量和动作的变化，顺势而为，而不是逆势而上。我还学到了，如果你认为自己已经明白了一切或者认为自己做不到，那么在产生这些想法的那一刻，你就已经输了。我很早就明白要保持开放的心态，全身心地投入当下。放下心中各种执念既是人生中的重要一课，也是需要在日常生活中持续实践的。我们可以设定目标，为之不断努力，但总归会有那么一刻，我们必须相信冥冥之中自有天意，让一切都可以恰逢其时。如今，我的信条正是'顺其自然'。"

## 设定属于你自己的步调

考虑到你的生活注定不完美，那么如果想在追求梦想的道路上前进，你就需要做好准备，需要执着的精神，还需要对自己、对这条道路充满信心。你必须放弃一些执念，比如认为在出发前就需要知道所有问题的答案，或者认为在自己还没有努力创造未来之时就必须先有一个关于未来的完美图景。源自侘寂的世界观让我们可以通过生活来感受自己脚下的道路，可以不那么关注我们自己所认为的别人的看法（或者不那么关注我们考虑了别人的看法后，认为自己应该采取的行动），而是更多地关注对我们真正重要的人或事。不断地提出问题，同时坚持不断向前，有时会慢一些，有时则会快一些，这完全取决于生活的起起伏伏。

茶道里千家流派前任家元千玄室（Sen Genshitsu）写过一本关于茶道的书，在这本篇幅短小的书中，我读到了“序破急”（johakyū）这个词。这个词指的是动作的三种速度，也就是慢、不快不慢、快。[7] 千玄室在书中解释了茶道的节奏，指出茶道操作者必须根据要求来调整动作的速度。除此之外，千玄室还表示，茶道操作者同时需要调整动作的力度，有时很温柔，有时力度适中，还有些时候则需要非常用力。最后，作为结语，千玄室认为，对于生活来说，这些也可以是很好的建议。

我已经花了很多精力来讨论如何让自己放慢速度，从而有更多发现、更多感触，可以看到更多、体验更多。之所以会有这样的讨论，出发点就是匆忙前行的生活节奏，而如今这似乎已成为我们大多数人默认的生活节奏了。然而，放慢速度并不意味着压制想要做点有意义的工作的意愿，不意味着放弃雄心壮志，也不意味着不再参与令人兴奋的事务。放慢速度针对的是跑得太快，因此才变得重要，毕竟有时改变一下前进的速度也是件好事。

正如千玄室所说的，调整努力的力度对我们自己的幸福也很关键。如果我们试图同时应对很多事情，那就无法全神贯注于其中的任何一件，不管这件事情是一个项目、一次会议、一个机会，还是一次对话。因此，我们必须依据优先级对所有事情进行合理排序，让它们条理清晰，让自己可以一心一意地完成每一件事。

我们必须把精力放在那些后果最严重或者与我们的目标最一致的事情上。当我们全心全意扑在一件事情上时，我们就必须把其他事情放到一边。在全身心地投入、努力过后，我们需要有一段时间来恢复，要允许自己放松一段时间。把这三种速度和三种力度运用起来，可以让我们更加享受自己的职业旅程，并沿着自己选定的道路前行。

## 用开放的心态迎接变化

> 不存在一条完美的职业道路，只存在一条我们自己走出来的职业道路。

自工业革命以来，整个职场始终在以前所未有的速度发生着变化。许多传统职业逐渐消失，而很多新的职业机会也随之出现。没有人可以预测一个职业在 50 年以后会是什么样子。我们可以努力维持现状，也可以去接受变化，最大限度地利用这些变化打造一段职业生涯，从而帮助自己过上想要的生活。

这段描述放在现在再合适不过了，因为现在，随着科技的快速发展，我们当中有很多人可以任意选择工作地点、工作节奏了。如今，我们必须更加清楚地认识到，即使我们自己不发生变化，职场也会发生变化。这些变化对我们职业生涯的影响都取决于我们是接受这些变化还是试图维持现状，尽管现状也是在变化的。

我们的技能通常并不只适用于某一个行业，它可以在许多领域发挥作用。当我们放松下来，明白自己的职业生涯是动态的，而不是静态的，我们就可以敞开心扉，面对诸多未知的可能性。我们会认为有的工作是一成不变的，其实并非如此。意识到这一点，并为此做好规划，可以让我们更好地迎接突如其来的变化，也可以让我们意识到，就算在职场中正处于困境，我们也并不是必须一辈子就做这份工作。退一步说，我们想一辈子都做同样的事吗？在 20 岁、40 岁、60 岁、80 岁时，我们想要的东西几乎都不一样。

关于如何才算成功，我们大多数人都被灌输的是要选定一条路，一直走到底；金钱和地位才是成功的标准；如果你没有打造出某个特定的完美形象，那就已经失败了。而我们在前面所讨论的一切都与这些认知背道而驰。在过去的十年间，我花了大量的时间来帮助人们进行职业转换、启动创业，或帮他们把生活中的各项事务重新排序，以便花更多的时间来做自己喜爱的事情。因此，我知道人们对待成功的态度正在缓慢转变，但我们仍有很长的一段路要走。总的来说，就我在工作中所看到的而言，我们还是太过于在意别人的想法，而对于到底什么是对自己真正有意义的，却没有足够的重视。

我们越来越需要具备各种能力，包括观察和理解的能力、领会和质疑的能力，以及适应环境和调整前进路线的能力，从而使自己适应这样一个不断变化的职场。很多专家都表示，我们中的有些人，以及我们儿女一代中的许多人都很有可能活过 100 岁。[8] 如果你一早就知道自己将来能活过 100 岁，那会有哪些不同之处？

想要让自己有长远的眼光，可以问问自己下面这些问题。

- 如果你知道自己很有可能要一直工作到 70 多岁，甚至是 80 多岁，那会有什么不同？
- 假设你现在所做的工作会一直存在，那么等到你 70 多岁或 80 多岁的时候，你还想做现在这个工作吗？
- 如果不想做这个工作了，那什么样的工作适合晚年的你？
- 如果你一早就知道自己现在的职业在经历巅峰后会开始没落，让位于其他职业，那会有什么不同？
- 你会选择一条不同的路来到达自己现在所在的位置吗？

- 你会接受哪些技能或训练？
- 你会把更多精力放在自己的创意或副业上吗？
- 你还会培养哪些别的技能？

现在，再问问自己这些问题。不过这一次，你不需要给出任何符合逻辑的答案，而是告诉我，你的内心如何作答？

请记住，你的内心对美的回应正是侘寂的精髓。那么，利用自己的职业，你可以创造出怎样的美呢？

你的内心如何作答？

## 提出可以带来启迪的问题

当我们问孩子："你长大想变成什么样的人？"我们通常都是在试图播撒梦想的种子，然而，我们接下来的回应有时却会摧毁那些梦想，并产生长久的危害。"艺术家？哦，不行，亲爱的，你不会想成为艺术家的。艺术家赚不到钱。"或者，孩子们最后会把梦想与某个能让我们觉得自豪的工作联系起来，很多时候这个工作就是他们看到的我们所做的工作，因为这就是他们所知道的，或者这就是他们认为我们希望他们做的，再或者这就是我们不断告诉他们我们认为他们应该做的。

然而，如果他们后来没有成功地进入这个行业，那怎么办呢？或者如果他们进入了这个行业，却并不喜欢，也不想跳出去，因为觉得这样做会让我们失望，那怎么办呢？或者如果他们陷入了对职务、地位、客户、薪水及社会认可的无尽争夺中，而且转眼间就人到中年，感到筋疲力尽，想不明白过去20年都发生了什么，那怎么办呢？我非常确定，没有人希望这些情况发生在自己孩子的身上，当然也不愿发生在我们自己身上。

以上我所罗列的只是一些例子，一次又一次，我看到自己周围的人们真真切切地陷入了诸如此类的情形中。他们找到我，希望我能帮助他们找到方法来做自己喜爱的事，因为他们已经无法再忍受自己当时所做的事，但又不知道该如何改变现状或者如何找到自己能做的其他事。不过，好消息是他们并不知道摆在自己面前的可能性有多么广阔。

近期，一项针对职场未来状况的跨国研究对在亚洲、英国和美国的1万多人进行了调查，并给出了一份报告。报告指出，我们正在经历工作方式的根本性转变。自动化和“会思考的机器”开始在很多工作和职业上取代人类，许多组织机构在招募人员时对人员的技能要求也发生了变化。[9]

在同一份报告里，普华永道全球战略与领导力发展主管合伙人布莱尔·谢普德（Blair Sheppard）说：“那么我们应该告诉孩子们些什么呢？要保持领先，你需要着力培养自己不断适应新环境的能力，并在这个过程中，与他人保持互动，最重要的是要保有自己的身份认同感和价值感。”[10]

你可以问问自己下面这些问题，来让自己踏上一个不同类型的职业旅程。

- 是什么让你得到了启发？
- 哪些东西对你很重要？
- 你想创造什么？
- 你想改变什么？
- 你想体验什么？
- 你是怎么帮助别人的？
- 你想在什么样的地方工作？
- 你想跟什么样的人一起工作？
- 你想怎样生活？
- 你觉得工作应该让自己有怎样的感觉？
- 你对自己所面临的机遇有哪些可能不正确的假设？

值得反复强调的是，生活并不是只有一种方式，职业道路也并不是只有一条。要打造自己的职业生涯，也不是只有一条完美的道路。你能做的是不断前进，让脚下的路不断延伸，而是否选择用一种能让自己感到愉悦的方式来做到这一点，完全取决于你自己。

## 醒着的梦

在日本，总有些什么让我觉得一切皆有可能。即使回到过去，那时的我还读不懂路标，几乎没有认识的人，也几乎无法进行对话，但我一直觉得空气中有些什么在给我额外的助力……然而我自己也说不清那到底是什么。不过，我正是因此而打开了心扉，激发了好奇心，获得了自己曾经想象不到的经历，比如因为偶遇的一个陌生人而让自己的生活产生巨变，比如主持属于我自己的电视节目。从某种程度上来说，这就像是一个醒着的梦。就算是现在，当我回到日本，也还会有这种感觉。

我想把这些让我产生了神奇感觉的东西用风吕敷[11]打包作为礼物送给你，为你提供一些职业道路上的灵感和养分。每当梦想开始变得模糊、逐渐被生活边缘化时，请你打开这块风吕敷，吸入一些魔法。花一点时间让梦想进入你的视野中，然后让自己重新回到现实，感受一下脚下的路，寻找下一步在哪里。问问你自己，如果此时此刻你可以做一件事来让自己更接近梦想，那是什么事？你的内心怎么回答？

我们没有可以对照参考的时间表，也无法预知未来的道路，但可以规划自己要迈出的脚步，也可以时不时停下脚步来体会存在于自己身边的美。

> 日々是好日（nichinichi kore kōnichi）
> 每天都是好日子。
>
> ——禅宗谚语[12]

关于享受职业旅程：源自侘寂的智慧

- 完美的职业道路是不存在的。
- 你的职业道路上可能有几个不同的职业，每一个都为你实现当时那个生命阶段的重点提供了支持。
- 过程比结果更重要。

## 实践时间：探索你的道路

首先，请回答下面这些问题，把答案写在一个笔记本里。

- 你的哪些工作或职位让自己觉得学到了东西？有薪或无薪均

可，列出一个清单。每一个工作或职位都让你学到了什么？

- 你有没有对自己觉得有意思的事物做过任何层次的研究？这里指的是任何事物，只要你花时间进行过深入学习，不管这种学习是正规的还是非正规的，这样的事物都可以罗列下来。
- 你还有过其他主要经历吗？
- 在你的记忆中，有哪些时刻是因为转瞬即逝的美丽而格外突出的？

接下来，找一张大纸，画一条横着的时间轴，然后在时间轴上每10年画一条竖线（如果你还不到30岁，那么可以每5年画一条线）。看一下你对前几个问题的答案，找出目前为止你生命中最重要的经历。回忆一下到目前为止，有没有哪些时刻让你特别惊喜或激动，把这些时刻都标记出来。

接下来，把彼此间或多或少有些关联的事情用一条线连起来。为了让某件事情发生，还必须做哪些事情？你能从中发现什么样的线索？

现在，有了这些信息，请回答下面几个问题。

- 在你的职业生涯中，一路走来，你做过的最重要的、影响到你个人幸福的决策有哪些？

- 迄今为止的职业生涯中，哪件事或哪个人让你特别心怀感激？
- 此时此刻，你需要什么？
- 如果你想步入职业生涯的下一个阶段，可以是在现有的工作上更进一步，也可以是换一个方向重新出发，但又想顺其自然地实现这一点，你会通过做什么事来实现这一点？

# 第8章

## 珍惜每一刻

夜幕降临，我已经迟到了。我手里抓着一瓶其实高于自己消费能力的红酒，瞪大眼睛，盯着面前的神社大门。我真的来到了这里。我捏了自己一下，抬腿迈过那道大门，然后左转，来到了一座杂乱老旧的房子前，这座房子就是神社天满宫（Tenmangū）了。里面的人都在兴奋地低声交谈，嗡嗡细语声在空气中流淌，与院子里上百只青蛙发出的温和蛙鸣交织在一起。我想了一下里面聚集的宾客，差点转身就走。对于当时 19 岁的我来说，一想到屋子里坐满了日本学者、语言学家、艺术经纪人和其他在任何方面都远比自己知识渊博的人，我就感到非常恐惧。更糟糕的是，这些人我还一个都不认识。

然而，此时，我想起了自己为什么到这里来。高中的时候，我读了《消逝的日本》（*Lost Japan*）一书，这是一本很有意思的书，是由我面前这座建筑物的主人所著。正是在这本书的鼓励下，我闯过了高中时期一次又一次的考试，想着只要能进入大学，就会开启一段神秘而有趣的探险。那个时候，每次费了很大力气写完一篇作文后，我就会打开这本书，读上几页，然后就有了动力再多学一个小时。

来到京都以后，我给这本书的作者阿列克斯·科尔（Alex Kerr）写了一封感谢信。科尔在日本居住了很长时间，那时他已经是日本最著名的文化观察家之一。让我备感惊讶的是，我居然收到了科尔助理寄来的回信，他邀请我参加科尔举办的派对，地点就在科尔家，而那正是《消逝的日本》一书中让我着迷的一个地点。

这个地方和这个派对都没有让我失望。那个晚上，我大部分时间都在聆听各种有趣的对话，内容涉及东亚历史、政治、古玩，以及其他一切我觉得自己还没有资格谈论的话题。然而，仅仅是出现在这里，置身于这座有百年历史的房子里，就已经足够了。在派对中，我们受邀来到这座建筑物的旧土间，也就是过去厨房的区域，那里现在变成了一间书法工作室。这个土间冲着几根柱子，而土间中的一切似乎都是加大号的。一张巨大的桑皮纸在长桌上铺展开来，阿列克斯·科尔手里握着一支巨大的毛笔，在桑皮纸上挥毫泼墨，写出的作品可以说是我见过的最好的书法作品。

那时，时间仿佛变慢了，我耳边的声音也变得柔和了。人们好像都定格了，脸上挂着微笑。房间里烛光摇曳，投下斑驳的阴影。我告诉自己，现在这一刻是特别的一刻，把它装进你的财宝袋里，好好珍藏。

时至今日，几十年过去了，那一天的许多细节都已变得模糊，但是我选择作为珍宝来好好收藏的那一刻却依然清晰，仿佛就发生在昨天。

# 真正的完美

我要告诉你一个秘密，“完美”其实是我最喜欢的词语之一。我经常使用这个词，不过仅限于用在描述与某一时刻有关的语境里。我认为只有在这样的语境里，才存在真正的完美。最细小的时间片段可以萦绕不散，仿佛在那一刻，时间凝固，微光闪烁。然后，那一刻就消失不见了，成为这个不完美世界里的完美一刻。

当我置身于阿列克斯·科尔在天满宫里的工作室时，那就是完美的一刻；当我坐在医院的病床上，怀抱着我那刚出生的小宝贝，看着窗外的大海和海面上冉冉升起的朝阳，我明白这是自己的第二个孩子，也将是最后一个孩子，那也是完美一刻；当我今天早上伏案写作时，发现一只松鼠在窗外看着我，我与它无声地交换了一下眼神，那也是完美的一刻。

我们所在的世界瞬息万变，像这样的时刻会让人感觉时间本身在对我们眨眼睛。刹那间，我们发现自己完全浸润在对这一刻的体验中，完全不去考虑过去或未来，同时又清楚地意识到这一刻本身并不会永久存在。在文学作品中，这有时被称为“俳句时刻”，这个名称所反映的正是一种诗意之美，一种因为专注于这种短暂又美好的体验而产生的美。

如果我们可以慢下来，活在当下，花足够长的时间去专注地观察，那么就可以在日常生活最微小的细节中发现这样的财富。就在鸟儿飞走前的心动一刻，侘寂出现了，我体会到了自然之美，而这种美因其短暂的生命力而更显细腻精致。

## 美的呼唤

侘寂是一把柔软的标尺，可以丈量出一个个细腻时刻。

一位70多岁的老婆婆告诉我：“如果我独自待在一个地方，但能感受到那些刚刚离开的人仿佛都还在这里，这能给我带来安慰，我就体会到了侘寂。”

这就像是在机场到达口的大门开启之前，盼望着心爱的人归来；就像是与家人围坐在篝火前讲故事；就像是还在与爱人亲吻就已经开始回味起这个吻。

当我们回顾生活，我们会发现这些就是我们会铭记的时刻。如果我们冲得太快，眼睛始终盯着未来的某个点，或者一直盯着智能手机，又或者因为别人的道路而分了神，那就会错失良机，无法停下来收集属于我们自己的美的时刻，也无法体味侘寂。

我们知道如果活在当下，生活可以令人愉悦。尽管如此，我们还是在匆忙前行，一天又一天，在一条感觉并不属于自己的生活轨迹上左顾右盼、倍感压力，甚至陷入困境。当我们真正睁开双眼、敞开心扉，美就会穿过一切混沌和杂音，向我们高声呼唤。这让我们得以对自己生活的另一种状态有了刹那间的一瞥，那是一种灵魂在歌唱的状态，因为我们发挥了自己的才能，关注了自己的想法，浇灌了一颗有爱的心，是真正在用心生活。

有时，我们因这一瞥而有所触动，但还是转身离开了，因为这看起来并不像我们所期待的生活。它不够闪亮，不够完美，不是我们一直以来被教导的应该成为的样子：拥有完美的房子、完美的工作、完美的车、完美的伴侣、完美的家庭等，一切都应该是完美的。然而，当我们活在当下，真正聆听美的呼唤，我们就会发现对自己真正有意义的生活就是我们那注定不完美的生活。

美总是轻声呼唤，我们必须敏感地捕捉到它的信号，然后完成我们自己该做的部分。不管是什么唤起了你对某一种美的关注，也许是对创作的冲动，也许是对田园生活的向往，也许是对深厚情谊的渴望，请听从它们的呼唤，因为它们本身正是生活之美。

## 活得久，过得好

联合国开发计划署（UNDP）的数据显示，日本是世界上人均预期寿命最长的国家。[1] 2017年，日本有67 824名百岁老人。[2] 而在日本国内，人均预期寿命最长的地方是长野县松川町（Matsukawa）的乡村地区。[3]

日本厚生劳动省公布了这一信息后，松川町市长平林明人（Akito Hirabayashi）在一次采访中表示："听到这个消息，我感到非常吃惊。我们并没有做什么特别的事情来让自己长寿。我们很幸运，这里有美丽的自然环境，很多人每天都在田野里工作，我们吃的是自己种的食物。同时，人们有很强的社区意识，我相信这些都是让我们长寿的因素。"[4]

我的一个朋友到松川町做了电视采访，他说："我看到很多当地人都在外面走路，一起在公园里锻炼身体，一起游泳。他们还有很多烹饪课。总的来说，那里有一种积极的感觉。"当地政府做了更深入的调查后发现，这里的人均预期寿命很高，主要有三个原因：公共卫生标准高、健康意识水平和健身活动参与水平高，以及高工作积极性和高社交活动参与水平造就的有意义的生活。[5]

这些并不只是为了活得久，也是为了过得好。侘寂正是幸福水平的晴雨表。

年轻的商店店员永田亚弓（Ayumi Nagata）告诉我："当我们忙碌到无法感受侘寂时，我们就知道自己已经偏离了轨道。这就是一个提示，提醒我们要慢下来，深呼吸，花点时间去寻找美。当我们无法感受到侘寂时，我们就已经分了神，或是承受了巨大的压力，又或者是没有把自己照顾好。

当我们回顾自己的生活时，我们想要记住的是什么，想要有怎样的感受，想看到自己做出了哪些贡献，想知道是什么让我们的生活变得有意义，想看到自己一路走来体会了多少美的时刻。

不要忘记，每一种情绪之中都蕴含着美。如果我们能让自己更多地去感受，那么即使我们正面临挑战，也可以更接近那种令人陶醉的生存感和敬畏感。

请记住，侘寂的一个根本要义就是我们都是在这世间短暂停留的过客，一如我们所爱的每一个人和我们周围的一切。我们无法长生不死，甚至无法活得长久。生命很宝贵，也很短暂。是否从现在开始努力把接下来的每一个生命阶段都充分利用起来，这完全由我们自己来决定。

## 一位老者带来的启迪

我非常喜欢与上了年纪的人聊天，喜欢听他们讲过去的故事，也想了解他们看待今天这个世界的角度。因此，能够与蟹江美根代婆婆在她位于名古屋的家中度过一个下午，真的让我感到非常高兴。蟹江美根代婆婆已经 94 岁了，是已故的银婆婆（Gin-san）

的女儿。银婆婆和她的双胞胎姐妹金婆婆（Kin-san）在世的时候是世界上最高龄的双胞胎，分别活到108岁和107岁。金婆婆和银婆婆为人风趣幽默，充满活力，她们经常在电视节目里亮相，是日本举国知名的人物。我想知道，如何做到长寿又过得好，蟹江婆婆从母亲和姨妈身上都学到了些什么。从统计学角度来说，蟹江婆婆自己也极有可能还会活很久，因此，我非常有兴趣了解这样一位老人的观点。

在自己家的榻榻米客厅里，蟹江婆婆跪坐在平垫上，整个人散发出一种温柔而从容的气息。你会有一种她已经看过了世间百态的感觉。蟹江婆婆就出生在这栋房子里，当时从这栋房子向外放眼望去，只能看到无尽的稻田。而现在，这里已经成为名古屋这座繁华都市的一个居民区。

我们一边喝着绿茶、吃着蓝莓甜点，一边聊天，聊为人父母之道，聊政治，聊社会，聊友谊。我们时不时地笑起来。她爽朗的笑声很有感染力。突然，蟹江婆婆若有所思地望向远方，然后说道：“你知道，变老挺好的，但是如果你的朋友几乎都不在了，那确实很让人难过。”

在我们这次会面之前，刚好是一年一度的雏祭，也就是女儿节。为庆祝这个节日，日本人的一个传统活动就是展示一组穿着平安时代传统服饰的人偶，其中有天皇，有皇后，有随从，还有宫廷乐手。但是在蟹江婆婆家的客厅里，展示出来的并不是这些人偶，而是装扮成金婆婆和银婆婆的两个人偶，这是很多年前一位粉丝送的礼物。像这样的传统活动也反映了时间的流逝，与季节更替有些相似。这些传统是一个提示，提醒我们与自己所爱的人相聚，一起为生命喝彩。

除了继承传统，蟹江婆婆还非常重视日常生活中的简单仪式，而且每天都有些固定的事项来让自己保持积极的心态。她始终坚持自己做饭，从选择食材开始就亲自动手，她总是会选择一些天然食材，通常还会用自家产出的食物。蟹江婆婆也充满了活力，每天都会照顾自家的花园，还会定期骑车到不远处的家族墓地去扫墓。还有一点很有意义，那就是蟹江婆婆吃饭总是用小盘子，而且在感到吃饱之前就不再吃了。在日本，人们把这种做法称为“腹八分”（即八分饱），也就是在肚子有八成饱时就放下筷子。

蟹江婆婆告诉我：“想要过好日子，我们并不需要太多。当你对自己所拥有的一切心存感激，并与自己所爱的人分享这些感受，那么不管你还需要什么，它们都会随之而来。”她对简单生活的恩赐充满深沉的感激之情，而这正是侘寂拟人化的体现。蟹江婆婆继续说：“不要浪费精力去担心自己没有的东西，那样会让你的生活很悲惨。相反，多关注已经存在于生活中的美好事物，而且一旦投入一件事，就全力做到最好。当你对自己所做的事感到满意时，你也会收获快乐。”

也许，蟹江婆婆最重要的忠告就是：“保持心情愉悦，不要为无关紧要的事情烦忧。”

## 认真思考自己的寿命

在本书第 7 章里，我们探讨了活到 100 岁对你的职业生涯可能产生怎样的影响，但如果你实际远没有自己期望的那么长寿，那会怎样？现在让我们花点时间来看看这种完全不同的情境。

- 如果你知道自己还能活 10 年，这会让你现在的工作、长期财务安排和生活中的优先事项发生怎样的变化？如果只能再活 1 年，又会有怎样的不同呢？
- 如果你已到弥留之际，那么当时的你会怎样评价你现在的生活？
- 那个在弥留之际的你会给现在的你提出怎样的忠告？

自己的寿命会是多久，我们无从知晓。对此，如果我们尝试想象各种不同的可能性，那将会是一种很有启发性的做法，那可以让我们发现到底什么才对自己真正重要，并把生活中的各项事务据此来重新排序。这样一来，我们将有机会再次思考生活中到底哪些事务是真正紧急的，并看看自己认为紧急的事务到底有多少其实并不是真的那么急迫。这个做法还可以启发我们充分体味当下，从日常的奔忙中抽身，做个深呼吸，吸收一切想象中的可能性。

## 机场带来的启迪

我在机场候机，等着飞去东京。此时，我两手各拿着一瓶昂贵的面霜，想从其中选出一瓶，因为如果买下其中一瓶，我就能得到一些相应的赠品。就在这个抉择的过程中，我突然意识到，这是多么讽刺，我让自己因为一些看起来光鲜亮丽的东西而陷入了眼花缭乱之中，因为想到皮肤可以变得更柔滑、皱纹可以减少而备感心动，可我来这里的目的就是坐飞机去日本做研究，而我所要研究的问题正是不完美中蕴含的美。当我意识到这层讽刺的意味，我不由地笑出声来，然后把手里的两瓶面霜都放回了货架，给自己省下了 40 英镑。

我愿意花钱买抗衰老面霜，说明我对自己身体自然变老的过程仍然心存抵触。并不是只有我这样想，抗衰老美容产业的全球年销售额为将近 3 000 亿美元[6]，是全球每年用于疟疾防治的投入的 100 倍[7]。

我们太痴迷于永葆青春，而忘记了寻找自己的寂之美。

## 衰老之美

那是一个寒冷的12月清晨，我一早起来与老朋友邓肯·弗莱特（Duncan Flett）一起吃早餐。弗莱特已经在京都生活了将近20年，是一位学识渊博的导游，对京都这座古城了如指掌。他建议我们在“快闪餐厅”喜心厨房（Kishin Kitchen）见面，这个餐厅当时对我们来说还是名不见经传的，不过它很快就被授予“日本最佳早餐”的殊荣[8]。餐厅的名字“Kishin”，写作“喜心”，意思是“喜悦的心”，可以看出，我们早餐的每一个环节都出自真正热爱自己工作的厨师之手。我们的早餐由年轻而有才华的厨师岩城俊尚（Toshinao Iwaki）负责，在整个过程中，他服务周到，特别是他为我们上了三次米饭。第一次上米饭是在米饭刚刚煮好后，他将米饭精心盛放于手工制作的陶碗中，米饭端上来后依然热气腾腾，米粒个个晶莹闪亮、黏劲十足。不久之后，米饭醒了一段时间，又被第二次端上了桌。接下来，在快要吃完早餐的时候，他又在我们的碗里盛上了锅巴，也就是锅边“微微烧焦的米饭”。

不管是在烹制的哪个阶段，米饭都很好吃。每一道米饭都有不同的亮点，第一道有新鲜的香气，第二道有熟悉的味道，第三道则有独特的口感。我最喜欢的其实是锅巴，也就是烹制到最后阶段的米饭。不过，只有在烹制的时候先把大部分米饭舀出来，厨师才能得到锅巴。随着烹制时间逐渐加长，锅巴的味道也变得越来越好。

我们总是极力避免衰老，甚至对衰老的过程感到恐惧。然而，与侘寂有关的一切都在告诉我们应该拥抱衰老的过程；告诉我们随着时间的推移，我们在逐渐绽放、成熟，在这个逐渐老去的过程中，我们的品格在日益完善，智慧也在不断累积；告诉我们可以用在逐渐老去的过程中所收获的种种经验来更好地回馈这个世界。

如果让你回想一下自己真正赞赏和钦佩的人，你的清单里很有可能会有一位比你年长的人。然而，我们同时也发现，要在自己身上看到衰老的价值，是很困难的。我们把宝贵的时间和金钱都用来努力留住青春的外表，而忽略了蕴藏在衰老背后的美和智慧。

京都春光院副住持全龙大师川上隆史告诉我："侘寂提醒我们去拥抱生命中的每一个阶段，这样我们就可以优雅地老去了。"

如果仔细审视侘寂这个概念，会看到一个衰老的过程，与此紧密相连的是佛教概念"无常"，也就是"诸行无常"，一切都是短暂的。前不久，我参加了一个全球健康专家研讨会，会上每个人都在讨论如何能让我们自己更长时间地保持青春状态，好像我们已经忘记了衰老是自然生命周期的一个环节。我们害怕变老，害怕死去，想要永葆青春，想要尽可能地长命百岁。然而，侘寂告诉我们，要享受衰老的过程，把它当作事物最自然的状态。变老没有关系，我们本就会变老。意识到我们不会长生不死也没有问题，因为这有助于我们珍惜自己确实拥有的时间，从而发现自己生活里的美好和意义。

侘寂鼓励我们接受自己在生命自然周期中所处的阶段，从而选择一条宁静而充满满足感的路。利用我在本书中分享过的各种工具，我们可以远离压力和情绪上的大起大落，把用于拼抢争夺的负能量释放出来，把空间留给能让自己平稳前进的正能量。

从一个生命阶段转换到另一个生命阶段对我们来说可能十分困难，特别是当我们不承认或不接受自己在身体、思维和情绪上发生的变化时。通常我们在经历主要生命阶段的转换时，会感到很多事都变得更困难、更让人困惑，甚至更让人感到害怕，然而，也正是在这样的时候，我们可以看到自己收获了惊人的成长和幸福。有时，我们要等到发生了一些重要事件后才会迫使自己进入下一个生命阶段，不过我们并不是每次都要这样等待。

如果我们敞开心扉，接受生命阶段的转换，而不是过于执着地守着现状，那我们就可以领悟到许多独特的见解，平稳地进入新的生命阶段，不管自己是否已经为此做好准备。通过这样的方式，侘寂提醒我们要用心生活，在每个生命阶段来临的时候欣然接受，不断成长，累积智慧，并在这个过程中好好照顾自己。

“节目”（Fushime）指的是“竹笋上的节”，日本人用这个词来表达我们都是一个阶段接着一个阶段地成长，同时也用这个词来描述生命阶段转换过程中的重要时刻。通常，在这些转换过程中的重要时刻，人们都会用一些仪式来庆祝，会向帮助自己度过某个生命阶段的人表达谢意。我觉得这是一种很有爱的方式，可以让人们意识到，即使只是从一个生命阶段转换到另一个生命阶段，这个转换本身就是一件值得大家一起庆祝的事情。

如果我们选择了适合自己的生活节奏，尽己所能，并相信这些已经是自己需要的全部，那么一切就会有不一样的感觉。每一个生命阶段都是一段成长的时间。不管我们自己是否愿意，我们实际上都在不断地学习，不断地改变。不管在什么时候，无论是顺风顺水还是举步维艰，我们都可以问问自己下面这几个问题。

- 在这里，我可以学到什么？
- 此时的我在经历怎样的成长？
- 我可以看到或感觉自己的哪些内在的变化？又有哪些外在的环境变化呢？
- 我需要放下对哪些东西的执念，好让自己进入下一个生命阶段？
- 现在我该怎么做才可以更好地照顾自己？

这让我们的注意力重新回到自己不断铺开的生命体验上来，以帮助我们放松下来，进入下一个生命阶段。当我们全心全意地去拥抱生命、拥抱生命的每一个阶段，我们的内在美就会开始闪闪发光。

## 在微小事物中寻找愉悦

在为本书做研究的过程中，我访问了很多年长者，无一例外，他们都谈到了寻找日常生活之美的重要性。要找到日常生活中的美，我们只需要放慢脚步，做一些小事，比如浇花、烤蛋糕、看日落、数星星、读诗、散步或亲手做点什么，甚至如果我们愿意，家务劳动也可以变成冥想。

我们可以创造一些仪式来让自己投入当下。每当我准备坐下来写作时，我都会烧一壶水，泡一杯茶，然后思考我最喜欢的马克杯上印着的《哈姆雷特》中的一句话：“ To thine own self be true.”（做真实的自己。）这就是我的写作仪式。它可以让我意识到自己正在为自己所看重的事情投入时间，而这又让茶的味道更香醇了。

我们同样也可以对意料之外的事情保持开放态度。在我的记忆中，在日本旅行时，我总会时不时地感受到来自陌生人的善意。比如，我有一天骑车穿过冈山县（Okayama）的田野，一位老婆婆让我停下来，给了我一个刚刚采摘下来的西瓜，这个西瓜特别大，勉强能放进我的自行车车筐里；比如，有一位政府工作人员帮我安排了森林浴之旅，而且还放弃了周六休息日，一大早开车送我到森林里去；再比如，我曾无数次迷路，每次都会有人愿意一路陪伴我，带我到达目的地。像这样的经历，每一次都让我感到愉快，而且每一次我都试图把自己收到的善意继续传递下去，而这又带来了另一种不同的愉悦，那就是帮助别人时所能体会到的那种快乐。

微小的瞬间意义重大。

## 注定不完美的规划

即使我们认识到了一切都是短暂的、不完美的，也是不完整的，也并不意味着就可以把小心谨慎的态度抛诸脑后，也不意味着要避免一切形式的规划。在我看来，情况恰恰相反。巧妙的规划可以帮助我们把真正重要的事情摆在优先位置，帮助我们在生活中腾出更多的空间去体验美，确保我们过好自己的每一个生命阶段。

### 如何规划更完美的一刻

美好的生活就像一段永不停歇地在幻想与实干之间穿梭的舞蹈，这里的重点是不要过分执着于完美的计划。你无法预知拐个弯会发生什么，因此过度规划会在情况发生变化时带来不必要的压力。做规划其实就是做出几个关键性的决策，这样自己的生活就不会败给别人的突发奇想。

第一步　大脑倾倒

你需要即时贴、几张大白纸、一支笔

1. 想一想你现在都是用什么方式来记录待办事项并提醒自己去完成这些待办事项的，不管是记事本、日记、待办事项清单，还是便笔或行事历，把它们都汇总起来。
2. 找几张大白纸，在上面写下你生活中的每一个重要组成部分：家庭、工作、爱好、健康、朋友、理财、住所等。
3. 把你的每一个待办事项清单、行事历、日记、记事本都依次从头到尾浏览一遍，然后找一张即时贴，选一件你的待办事项写在上面，再把这张即时贴贴到上一步那张大白纸上最相关的生活组成部分下面。把你所有的待办事项清单、行事历、日记、记事本里的所有需要花时间和精力去完成的待办事项都这样分别写在一张即时贴上，再分别贴在大白纸上的相关部分下面。做完这一步可能要花点时间。
4. 做完上一步后，看一看哪个生活组成部分中的待办事项最多。这个结果让你有何感悟？这样的结果有没有让你觉得惊讶？

## 第二步　可能性

现在，想象一下自己 5 年后的生活，那时你会觉得很满足，也充满信心。（我们无法预知自己会以怎样的节奏、步调来把各个梦想变成现实，但是像这样的想象练习可以帮助我们做出一些重要决策，从而让自己走上实现梦想的道路。）可以用下面这些问题来帮助你进行想象。

- 那时你多大了？
- 你会住在哪里？
- 你会做什么工作？
- 那时的你每天都在期待什么？
- 当一切确实非常顺利时，你会有怎样的感受？
- 你会对什么心存感激？

## 第三步　改变

为了让梦想有可能变成现实，改变不可避免。你可以利用下面这些问题来帮助自己确定需要什么样的改变。

- 为了这个梦想在多年以后能有那么一点点微弱的变成现实的可能性，到明年这个时候，你需要有哪些改变？
- 你如何描述一年后的自己？

- 你如何描述自己一年后的家？
- 你如何描述自己一年后的职场生活？
- 你如何描述自己一年后的财务状况？
- 你自己在未来一年内会创造些什么？

### 第四步　按照优先级排序

根据我的经验，要把“深入灵魂的简素”运用到规划中去，我们可以做的最重要的一个改变就是把待办事项当作项目，而不是单纯地当作任务。项目都有明确的起点和终点，举个例子，比如“职业转换项目”“完成著作项目”或者“结婚项目”。这种方法可以让你把注意力都集中到真正重要的事情上去。选出你希望在未来 12 个月中出现在自己生活中的项目，最多不超过 5 个。你并不需要同时启动这些项目，而且这 12 个项目也可以始终贯穿未来的 12 个月。

### 第五步　重新排列

现在，再找 5 张干净的白纸，把你在上一步选出的 5 个项目分别作为标题写在这 5 张纸上。然后找到你在第一步里做的即时贴，把它们重新贴到你的这些项目纸上。你也许会非常震惊，因为有太多即时贴并没有被贴到项目纸上，这恰恰说明，你为与自己想要的生活无关的事情付出了太多。

### 第六步　新的规划方法

做一个计划，把不能纳入自己所选择的主要项目的一切待办事项都做完，或委托给他人，或直接抛诸脑后。对于会持续存在的家务活或类似事项，这个做法可以帮助我们把它们都归纳到一起，然后一次性解决。举个例子，在我家，我们每个月进行两次家庭财务梳理。

接下来，修改一下你的一周规划，确保把主要精力花在对自己真正重要的项目上。与其不断挤压自己梦想的空间，不如先每天规划自己的重点项目，然后再围绕这些项目进行其他规划。[9]

## 用“深入灵魂的简素”来管理财务

每当我们为钱发愁时，每当我们憎恨自己负担不起某个东西时，或每当我们因为买了一些并不真正需要的东西而后悔时，我们其实就把自己从此时此地拉走了。感到焦虑或心烦意乱会影响我们感受侘寂、体验美的能力。也许看起来有些不太可能，但事实上，一定程度上的财务规划和理财可以对我们能否活在当下产生深远的影响，进而影响到我们能否充分享受生活。

到日本的第一年，我住在寄宿家庭里。寄宿家庭里的妈妈，我称她为 Okāsan（妈妈），她教会了我有关家庭财务管理的一切。在比价技术和在线商超兴起之前，她的一份兼职就是对不同超市里的商品价格进行对比。她把这一本领应用到了自己的家庭财务管理中，做出了完美无缺的家计簿（家庭账户的记录），里面写满了一列列的数字。她对这个家收入或支出的每一块钱都一清二楚。在日本，家计簿已经流行了几乎一个世纪。现在，最受欢迎的家计簿应用程序是 Zaim，由一位名叫关西贵子（Takako Kansai）的女士在自己的工作电脑上开发出来，现在有超过 700 万用户。

我常常会看到日本妈妈坐在餐桌旁，一手拿加工好的鱼棒喂狗，另一只手在快速翻报纸，寻找减价优惠券。每次去购物，她买的东西从来都不会超出一个篮子的容量，而且总是等到商店快下班的时候去买打折货。

那时，我只是一个远离家人，在世界另一端求学的学生，生活费非常紧张。我的食宿是公费，剩余的一切开销都是由自己负担。每个月月初，我会一次性买很多公交车票，以便在下雨天无法骑车上学的时候使用；我还会留出一些钱作为自己的探索基金；再去银行换一堆 100 日元的硬币。我会把这些硬币每 4 个摞成一摞，用胶带缠起来，每天午饭用一摞。在当地的咖啡馆，一杯咖啡需要 250 日元，所以 400 日元的午餐预算并不宽裕。这样一份午餐里会有一碗米饭和一点汤，或者也可以用这些预算在教室对面的店铺里买一袋葡萄干面包。有时我不吃午餐，把钱省下来买笔或者买很可爱的小贴纸。时至今日，日本文具都会给我带来有负罪感的快感。

从日本妈妈身上，我看到了在理财的时候，清晰、按优先级排序和不断实践是非常重要的。我也建立了一个家计簿来记录收入和支出，这样有利于自己搞清楚到底哪些资源是可以利用的。我还做了储蓄记录，这样就能知道自己的财务状况。我把对自己重要的事情放在优先的位置（上学、探险、买午饭、买文具，基本上都是这个顺序）。我把这些做法都变成了自己的习惯，而且每周会回顾一遍。直到今日，我仍保留着这些习惯，而且还一直在记录我自己设计的家计簿。

**谨慎消费，留意储蓄，用心生活。**

## 管理自己的财务

要把“深入灵魂的简素”应用于自己的财务状况管理中，你可以问问自己以下问题。

清晰

- 你的确切收入是多少？
- 你的确切支出是多少？都用于哪些方面？
- 你的净资产有多少？（广义上说，净资产指的是你所拥有的包括存款和投资在内的一切贵重物品的可出售价值减去你的一切负债。）如果你因为结婚或者处于其他长期的稳定关系中而与他人共享资产，那么你共享的资产有多少？

- 你在哪些方面的花销是为了追求不切实际的“完美生活”的，也就是为了追求一种你现在已经认为没必要去追求的生活的？
- 你对自己刚才写下的答案有何感想？

不管你发现了什么，请记住，这就是你。如果你为自己一直以来的消费习惯感到后悔或焦虑，那么请运用我在本书第 2 章讨论过的自我接纳工具来接受自己。接下来要怎么做才是最重要的。

- 审视这些问题的目的是让你对自己的财务状况有一个全新的认识。如果有必要，请向专业债务咨询师或理财顾问寻求支持。

按照优先级排序

- 你真正看重的是什么？
- 你把什么作为优先花钱的事项？它与你所看重的一致吗？如果不一致，你需要做出哪些改变？
- 你在哪些并不是自己真正在意的事项上花了钱？是什么让你无法完全砍掉这部分花销的？
- 如何更明智地花钱，从而把消费变成一种可以为自己谋求当下幸福和未来福祉的工具？

实践

- 你需要做哪些改变来让这些做法变成现实?
- 你如何让这些做法成为自己日常生活的一部分，或者成为自己每周、每月固定要做的事项，从而使有意识的消费和储蓄成为一种习惯?

当你真正明确地了解自己的财务状况时；当你在做财务相关的决策和规划时，能够以对自己和家庭重要与否为基础，你就可以减少或消除三种主要的压力来源。

- 未来不再会因为买了不需要的东西而产生后悔之意。
- 未来不再会因为买了不需要的东西而对自己买不起的东西产生憎恨之情。
- 不再会担心自己未来如何养活自己和家庭。

这些做法为你打造自己注定不完美的生活创造了空间，而且让你可以有精力寻找存在于自己身边的幸福。

关于珍惜每一刻：源自侘寂的智慧

- 拥抱每一个生命阶段可以让你优雅地老去。

- 你无法永生，你所爱的人也无法永生。要发现彼此的优点，把每一天都过到最好。
- 只有在转瞬即逝的美的一刻，才能找到唯一的、真正的完美。珍惜每一刻。

## 实践时间：留意一切

1 000 年前，在著名的随笔集《枕草子》中，日本女诗人清少纳言写下了许多诗意的清单，其中罗列的都是“……的事物（比如，无法一直保留的事物）”，女诗人正是用这种方法来观察周围的世界，珍惜宝贵的瞬间。我们可以从这种形式中得到启发，写下自己的清单或“诗”。可以用下面所列的句子作为开头，也可以自己完全从头创作。

- 只有闭上眼睛才能注意到的事物。
- 希望装进自己的财宝袋的事物。
- 可以让自己内心不断成长的事物。

# 结　语

现在是早春三月，我在京都，坐在位于哲学小路上的一家咖啡馆外。我一手端着热咖啡，膝盖上裹着一块毯子。不知从哪里传来了一阵清脆的风铃声，路旁小溪边的大树上仅存的几片绿叶在枝头摇晃。再过几个星期就要到樱花绽放的季节了，这条小路上将游人如织。然而，现在，我一个人拥有了整条小路。

我在思考刚刚与平岩女士的对话。平岩女士很年轻，在坐落于哲学小路旁的银意匠家居用品店工作，这家店铺的母公司是位于长野县的创意建筑公司木曾科技（KisoArtech）公司。我问平岩女士，在他们的店铺里，墙面色彩斑驳，各种货品都取材于长野县当地的木材，经手工打磨制成，都是冷峻而深邃的暗色调，产量又很小，她为什么会觉得顾客在店里能体会到一种侘寂的氛围。

平岩女士说："我觉得这是因为，在这里，我们可以敏感而深切地体会到季节的变化，而且我们的店铺就在小溪边，这使内外的界限变得模糊，感觉我们就是这里的大自然中的一部分。"

京都的这片区域，我已经来过50多次了，我第一次来的时候还不到20岁，是为了去附近的田中夫人家，参加每周一次的插花课。后来，我经常在夏天的夜晚跟我丈夫K先生一起骑行路过这里，在这里寻找萤火虫。有一次，当时我还是个穷学生，在寒冷的冬天里独自一人在这里散步，心里在盘算着如何能用自己少得可怜的预算把这个月剩下的日子过完。还有一次，我在这里享用了秋日下午茶，有茶，有蛋糕。现在，我又来到了这里，在季节交替之际，思考着在寻找侘寂之真谛的旅程中，我们已经走了多远，学到了什么。

一开始，我只是想去探寻美，然而现在却远不止于此，这已经变成了一种体味这个世界的全新方法，不是用逻辑缜密的大脑，而是用善于感受的内心，用我们的全部感官。侘寂让我们看到，美的一刻，转瞬即逝，它提醒我们不要忘记生命本身就很珍贵。

捧在手里，是一只小碗；
纳入碗中，是整个宇宙。[1]

——乐吉左卫门（Raku Kichizaemon XV）
乐家第十五代传人，日本陶艺家

对我来说，侘寂最重要的意义其实是转变视角。通过侘寂的透镜来看待这个世界，这个世界会变得更美、更温柔、更宽容，充满各种可能性和快乐。

在本书开篇的部分，我提到过，侘寂与爱有点像。现在，一路走来，我发现侘寂与爱非常像，类似于带着爱意去体味，体味美，体味自然，体味自己，体味彼此，体味生命本身。

我希望你也同样看到，对于现在这个快节奏、由消费驱动的世界来说，侘寂可以是一剂解药，为它重新注入活力；看到侘寂鼓励你放慢脚步，重新建立与自然的联系，更加温柔地对待自己。我希望你也因此得到启发，想要把一切都简化，专注于真正重要的事物，找到存在于自己身边的幸福。

现在，我们共同的旅程到达了终点，我还有最后一件纪念品要送给你。请你伸出双手，想象一下你的礼物。这是一个护身符，可以在未来的旅途中保护你。护身符的正面绣着一个字，幸，代表幸福。[2] 背面是一句温柔的提醒：你注定不完美，但你就是你。

# 致　谢

事实上，那是在伦敦的一家拉面馆里，我跟我极有才华的经纪人、哈德曼和斯万森出版公司（Hardman & Swainson）的卡洛琳·哈德曼（Caroline Hardman）一起吃面，在腾腾的热气间，我们启动了这本书的工作。卡洛琳对这个项目倾注了巨大的热情，而在她的同事泰芮丝·柯恩（Thérèse Coen）的努力下，这本书被翻译成多国语言，到达世界各地读者的手中。我对她们两位充满了无尽的感恩。我热爱日本的一切，能把这份爱与这么多人分享，我感到无比荣幸，希望这本书能给你带来启发，让你想要亲自去日本一游。

我要向本书优秀的编辑安娜·斯泰德曼（Anna Steadman）、吉利安·斯图尔特（Jillian Stewart）、安妮·纽曼（Anne Newman）、贝丝·怀特（Beth Wright）、艾米·基特森（Aimee Kitson）、贝基·盖亚特（Bekki Guyatt），以及 Piatkus 图书公司和 Little，Brown 图书公司中本书团队里的其他人深深地鞠一躬，正是他们给这本书带来了生命，用非常美妙的方式把这本书送到了世界各地，而且允许我按照自己喜欢的方式来完成本书，并将其称为作品。我要对中田英寿特别说一声“谢谢”，他为本书创作了一篇非常精彩的序言。

事实上，在过去20年的大部分时间里，做这样一本书的想法一直都在我脑中打转，为此，我要向我在日本的朋友和“亲人”伊藤（Itō）一家、足立（Adachi）一家和希拉里·弗兰克（Hilary Frank）深表谢意，向杜伦大学、巴斯大学和京都文化日本语学校里各位长期费心教导我的老师深表谢意，向一路走来给予我诸多善意的陌生人深表谢意。

我对奈绪美·克罗斯（Naomi Cross）博士、西泽香织（Kaori Nishizawa）、玉木洋子（Hiroko Tamaki）和布鲁斯·滨名（Bruce Hamana）满怀感激，他们帮助我对本书中日语的运用、文化典故及历史事实的引用进行了校对，并且在面对我无尽的问题时都展现出了难以置信的耐心。本书一切疏漏都是我自己的责任。

这个旅程就像是一段寻宝之旅。每一段对话都透露出一点蛛丝马迹，看似漫不经心的话语都指向了某些书、某些诗歌或某些地方。有时，朋友的朋友会引荐一位“你一定要见一见的人”，进而带来意想不到的收获及更多朋友间的引荐。在开启这段旅程的时候，我确实心有畏惧，不知道最后会去向哪里。不过，一路走来，我发现进行这样一次冒险尝试还是值得的。

除了阅读历史书、参加文化沙龙、参观神社寺院、走进森林，我还在许多人的心中找到了侘寂的真谛，他们并不是直接告诉我这些，而是让我真切地看到了侘寂可以教会我们什么。在这里，我要特别感谢松山爱、日置笃志（Atsushi Hioki）、永田亚弓、细谷千佳子（Chikako Hosoya）、真田大介、邓肯·弗莱特、田山洋子（Hiroko Tayama）、长岛浩、平井泉（Izumi Texidor Hirai）、杉本一马（Kazuma Sugimoto）、颜·索萨（Kao Sōsa）、五十岚健、宫崎久美子（Kumiko Miyazaki）、三浦恭司、足立杏子（Kyōko Adachi）、路易·三浦（Louie Miura）、路易斯·新井（Louise Arai）、西山麻衣（Mai Nishiyama）、真希子·希斯汀、星野大师、马修·克劳德尔、足立道幸、藤田米娜（Mina Fujita）、蟹江美根代、内勒·杜卜里（Nele Duprix）、藤田德郁（Norifumi Fujita）、原纪子（Noriko Hara）、皮埃·珍·比约克（Pia Jane Bijkerk）、彼得·切内（Peter Cheyne）教授、田山灵芝（Reishi Tayama）、月见枝子（Saeko Tsukimi）、萨拉·卡巴拉迪、真田沙也加（Sayaka Sanada）、马渊晴子（Seiko Mabuchi）、荣世津子（Setsuko Sakae）、清水茂幸和洋子（Shigeyuki and Hiroko Shimizu）、前田庄司（Shōji Maeda）、小次郎·弗兰克（Shōjirō Frank）、春山守一（Shūichi Haruyama）、全龙大师川上隆史、奥野隆志（Takashi Okuno）、小田岛孝幸（Takayuki Odajima）、松崎辉明博士、清水铁雄（Tetsuo Shimizu）、蒂姆·罗梅罗、樱木提娜（Tina Sakuragi）、松场登美、岩城俊尚、片冈渡（Wataru Kataoka）、栗栖阳子（Yōko Kurisu）、蟹江义直（Yoshinao Kanie）、伊藤裕子（Yukako Itō）、关根由美子、田中由美子（Yumiko Tanaka）。

我同样感谢牛津大学博德利日语图书馆、伦敦大学SOAS图书馆、华盛顿史密森学会、乐美术馆、高岛市政府林业水产部门及名古屋市政府老人福利部门的工作人员，他们无不为我提供了诸多帮助。

我要向春光院、光之馆、japan-experience.com及Mettricks和Arvon基金（Mettricks and the Arvon Foundation）的工作人员表示感谢，他们为我提供了写作时的栖身之处。特别要感谢艾米丽（Emily）、杰恩（Jayne）和玛丽莲（Marilyn），感谢他们作为本书的第一批读者，在暖炉旁对本书进行了初审。

我还要诚挚地感谢莉拉·罗杰斯（Lilla Rogers）、蕾切尔·泰勒（Rachael Taylor）、凯莉·瑞伊·罗伯茨（Kelly Rae Roberts），他们是我所能期冀的最慷慨、最支持我的商业伙伴。同时，我也要感谢自己的团队，没有他们，我绝对不可能有时间进行写作，他们是吉娜·巴噶尼（Jitna Bhagani）、路易斯·盖尔（Louise Gale）、维克·迪金森（Vic Dickenson）、霍利·威尔斯（Holly Wells）、凯莉·克罗斯利（Kelly Crossley）、西蒙·布朗（Simon Brown）、蕾切尔·希伯特（Rachael Hibbert）、马克·伯吉斯（Mark Burgess）、利亚姆·弗罗斯特（Liam Frost）、菲奥娜·达菲（Fiona Duffy）、雷切尔·坎普顿（Rachel Kempton）、尼科尔·波恩斯基（Nichole Poinski）。我还要向乔纳森·费尔兹（Jonathan Fields）和马丁·肖（Martin Shaw）博士深深地鞠一躬，感谢他们像老师一样对我进行指导。

至于在 www.dowhatyouloveforlife.com 网站我的美妙社区里数以千计的人，以及 www.hellosoulhellobusiness.com 网站会员俱乐部里的各位女性企业家，自从将近十年前我们开始彼此相伴，他们与我分享了无数自己的故事、面临的挑战和值得庆贺的事情。我要向他们致以深切的敬意，感谢他们陪伴左右，敞开心扉，充满信任地投入这段旅程。

多年以前，我的父母一直支持我学习日语的疯狂想法（以及从那以后我的所有疯狂想法），对此，我无论怎样感谢他们都不够。同时，在父母和公婆的慷慨帮助下，我才有可能在两个女儿都还不满 5 岁的时候完成两本书的写作。因此，对他们，我心存感激。辛苦啦。

最重要的是，我要感谢 K 先生，感谢你在我外出和写作的时候留守在家，感谢你为了能与我的朋友聊天而学习日语，你是我所能期冀的最好的人生伴侣，感谢你。我从没遇到过第二个像你这样胸怀广阔的人，与你和两个出色的女儿分享我生命中的故事，是我最大的幸福。对我的两个女儿，西耶娜（Sienna）和玛娅（Maia），我已经等不及在不久后的某一天就与你们分享我对日本的热爱了。

# 注　释

## 第 1 章　侘寂之美

1. 在日本权威辞典《广辞苑》（*Kōjien*）2018 年版中，“侘寂”一次都没有出现。
2. 我们所知的日语书写中的 kanji（汉字）起源于中国。今天仍在使用的 1 850 个标准字中，几乎每一个都至少有两种读音，其中一种来自最初的中文字（也就是音读），另一种是日语中固有的读音（也就是训读）。有些字的读音不止一个。当两个汉字放在一起组成词语时，通常会用音读。不过，我们的核心文化概念侘寂却是一个例外，既可以写作“侘寂”，也可以写作“侘び寂び”，这令人相当困惑。如果你对迷人的汉字世界感兴趣，希望进一步学习，我强烈推荐你看《最新日英辞典》（*The Modern Reader's Japanese-English Character Dictionary*）和美国国家教科书出版公司的《新日英辞典》（*New Japanese-English Character Dictionary*）。
3. 村田珠光（Murata Shukō）的姓是村田（Murata），但人们通常都以名字“珠光”来称呼他。在对历史人物的称呼上通常都是这种情况。
4. Okakura, *The Book of Tea*, p.3.

5. 长次郎白手起家，是乐烧（Raku）茶碗制作的先驱，并在 16 世纪晚期创立了乐烧（Raku）流派，成为唯一一个保留了乐烧制陶传统的流派。现在的陶艺家乐吉左卫门（Raku Kichizaemon XV）是乐家第十五代传人。在京都的乐烧博物馆（Raku Museum）里可以看到乐家各代茶碗。
6. Nelson (ed.), *The Modern Reader's Japanese-English Character Dictionary*, p.141.
7. "詫びる" 意为道歉，是动词 wabiru（写作侘びる，意为担忧或苦苦思念）的同音异形异义词。尽管我们很难在可靠资料中找到这两个词在词源学上的联系，但有时这个词也会出现在关于侘之精髓的讨论中。
8. 根据日本权威辞典《广辞苑》中的解释，wabishii 写作侘びる，意思是"一种失去能量的感觉"或者"感到焦虑或难过"。不过，日本人通常用 wabishii 来表达"不愉快的"、"孤独的"或"可怜的"的意思。
9. 如果想进一步了解侘之美学，我推荐阅读一篇优秀的论文，题目是《历史长河中的侘之美学》（The Wabi Aesthetic Through the Ages），作者是芳贺幸四郎（Haga Kōshirō），收录在休姆编纂的《日本美学和文化》（*Japanese Aesthetics and Culture*）中，第 275 页。
10. Mckinney (trans.) *Essays in Idleness and Hōjōki*, p.87.
11. Nelson (ed.), *The Modern Reader's Japanese English Character Dictionary*, p.323。"寂"字有一个训读读音，也就是"sabi"，还有一个音读读音"jaku"（意思是寂静）。有关日语中的训读和音读，可以参阅前面的注释 2。
12. Nelson (ed.), *The Modern Reader's Japanese-English Character Dictionary*, p.323。当读作"jaku"时，"寂"字的意思是"寂静"，也可以参考注释 11 的解释。
13. 同上。
14. Tanizaki, *In Praise of Shadows*, p.19.
15. 松尾芭蕉过着侘人的生活，也就是侘之人的生活。作为弥漫着寂之氛围的文学作品范例，他的诗歌被频繁引用。尽管松尾芭蕉并不是一贫如洗，但他选择在自然中长时间流浪，随身只带着能维持基本生存的东西。这些流浪的旅程成了他那些著名诗句的灵感源泉。

16. Morigami, *Wabi sabi yūgen no kokoro*, p.19.

17. Joyce, *A Portrait of the Artist as a Young Man*, p.231.

## 第 2 章 简化与美化

1. 资料来源：Statistics Bureau, Ministry of Internal Affairs and Communications, Government of Japan www.stat.go.jp/english/ data/handbook/c0117.html。

2. 同上。

3. 根据东京都政府的数据，2015 年，东京的人口数量是 1 349.1 万，约占日本总人口的 11%。资料来源：www.metro.tokyo.jp/ENGLISH/ABOUT/HISTORY/history03.htm. Retrieved 8 April 2018。

4. 榻榻米是日式房间里铺地板的材料，通常用稻草编制而成，周围用锦缎包边。每一块榻榻米的长度都是自身宽度的两倍。在日本，房间的大小都是用榻榻米来丈量的（而不是以平方米或平方英尺为单位）。一块榻榻米的面积称为一 jō（叠）。榻榻米不仅用于丈量室内面积，也应用于户外。土地面积的传统计量单位是坪（tsubo），相当于两块榻榻米的面积。在当代日本，即使是住在西式房屋中的家庭，也至少会保留一个铺了榻榻米地板的传统日式房间，通常称为“和室”（washitsu）。

5. kanji 是取自汉语的意音文字，与 hiragana（平假名）和 katakana（片假名）一起用于日语的书写系统中。

6. 在 www.makikohastings.com 上可以找到更多关于真希子及其作品的信息。

7. 舞伎（maiko）意为“跳舞的孩子”，指的是还在学徒阶段的艺伎（geiko，特指来自京都的艺伎）。艺伎是指在日本传统艺术领域接受过专业训练的女性，其训练包括歌唱、舞蹈和音乐。对很多外国人来说，艺伎已经成为日本的一个象征。舞伎通常身着颜色艳丽的长袖和服，与之配套的腰带通常系在背后，并垂到脚跟。

8. 穿和服时用的腰带。
9. 萩烧是日本陶器的一种，起源于山口县萩市。
10. Yanagi , *The Unknown Craftsman,* p.148.
11. 最初，shibui 的意思是“涩的”，就像还没完全成熟的柿子的味道。随着时间的推移，这一概念开始具有一种重要的美学含义。到了 1960 年，《美丽家居》(*House Beautiful*) 杂志将其推崇为“日式之美的巅峰”[可参阅戈登（编)，《美丽家居》，1960 年 8 月号，美国版]。
12. 其他重要的美学原则包括 miyabi（雅）和 suki（最初意为“文雅，但略有些古怪或捉摸不定”)。
13. 在日本历史上的平安时代（794—1185)，“中国文化完全被吸收，优雅的宫廷文化盛行”。资料来源：*The Kōdansha Bilingual Encyclopedia of Japan*, p.100。
14. 资料来源：“What is Beauty? Can you afford any of it?” by Elizabeth。
15. 如果你想了解对日式美学更正规的分析，我推荐一篇 1998 年的论文，题目是《日式美学》(Japanese Aesthetics)，收录于南希·G. 休姆（Nancy G. Hume）编辑的《日式美学和文化读本》(*Japanese Aesthetics and Culture: A Reader*) 中，作者是日本著名学者唐纳德·基恩（Donald Keene)。通过在文章中大量引用诗人、散文家吉田兼好（Yoshida Kenkō）的作品《徒然草》(*Essays in Idlenes*)，基恩选择了 4 个核心主题。他认为这些主题反映了随时间变化而形成的日式美学品位的主要特点，它们是暗示、无规律、简素和易逝。在介绍如何将“深入灵魂的简素”运用到自己家中的时候，我提出了 5 个主题，其中就包括基恩的 4 个主题元素，尽管我提出的 5 个主题还包含了当代设计理念，而且目标是适用于任何家庭和任何地方。除此之外，在 1982 年出版的《禅与美术》(*Zen and the Fine Arts*) 中，已故哲学家久松真一（Shin’ichi Hisamatsu）把自己的观察思考总结为禅宗美学的 7 个特点，分别是不对称、简素、枯高、自然、幽玄、无执、寂静。这些概念在回译成日语时出现了许多不同的版本，其中最常用的表述分别是 fukinsei（不均整）、kanso（简素）、shibumi（涉味）、shizen（自然）、yūgen（幽玄）、datsuzoku（脱俗）和 seijaku（静寂）。

16. 可查看 foglinenwork.com 进一步了解“fog linen work”。
17. Kondō , *The Life-Changing Magic of Tidying*, p.49.
18. 根据建筑师马修·克劳德尔（Matthew Claudel）所说，“ma”（间），也就是日语中“空间”一词，所指的除了西方的物理空间的概念，还有两个或多个连续存在的事物之间的自然距离，两个或多个接连发生的现象之间的自然停顿或间隔，以及传统日式建筑中由梁柱和板面打造出的空间。资料来源：Claudel, *Ma: Foundations for the Relationship of Space-Time in Japanese Architecture*, p.3。
19. 拉夫卡迪奥·赫恩的母亲是希腊人，父亲是爱尔兰人。加入日本国籍后，他改名为小泉八云（Koizumi Yakumo），他是作家、翻译家，他因写出了几本向西方人介绍日本的著作而广为人知。
20. Hearn, *Japan: An Attempt at Interpretation*, “Strangeness and Charm” chapter（无页码）。

## 第 3 章　与自然共生

1. 资料来源：https://dictionary.cambridge.org/dictionary/english/nature。2018 年 3 月 31 日检索。
2. 定义为“あるがままのさま”（照原样）。资料来源：Shinmura (ed.), *Kōjien: Dai 5 han*, p.1174。
3. 这是我在青少年时期就已经记住的一首诗，但是我一直没找到这一版译文的出处。如果想进一步研究松尾芭蕉的诗歌，我强烈推荐唐纳德·基恩、上田真（Makoto Ueda）、汤浅信之（Nobuyuki Yuasa）或简妮·雷克德（Jane Reichhold）的作品。

4. Sei (trans. McKinney), *The Pillow Book*, p.3.
5. 在日语中，同一个名字可以有很多种写法，每种写法会运用不同的汉字，就像英语中同一个名字也有多种拼写方式一样，比如克莱尔可以拼写为 Clare 或者 Claire。资料来源：https://st.benesse.ne.jp/ninshin/name/2017。2018 年 3 月 30 日检索。
6. 资料来源：www.jref.com/articles/japanese-family-names.31。2018 年 3 月 30 日检索。
7. 日本也有“雨季”的概念，称为梅雨（tsuyu），不过它并不足以构成一个单独的季节。梅雨在 5 月到 7 月间，不同地方梅雨的起止时间会有所不同。
8. 有一个很棒的免费应用程序叫“72 季节”（72 Seasons），每 5 天会更新一次信息，内容涵盖自然、食物及日本传统历法中这一时间段所特有的习俗。www.kurashikata.com/72seasons。
9. Deal, *Handbook to Life in Medieval and Early Modern Japan*, p.43.
10. 关于 72 个微季节的名字，有不同的翻译。我最喜欢的是丽莎 · 达尔比（Liza Dalby）在关于季节的精彩回忆录《东风融冰》（*East wind melts the ice*）中的翻译。Dalby, *East wind melts the ice*, p.287。
11. Deal, *Handbook to Life in Medieval and Early Modern Japan*, p.190.
12. Yamakage, *The Essence of Shinto*, p.29.
13. Ono, *Shinto*, p.97.
14. 参见 http://yamabushido.jp/ for further information about Yamabushi training。
15. 资料来源：www.ncbi.nlm.nih.gov/pmc/articles/PMC4997467。2018 年 3 月 20 日检索。
16. 资料来源：www.ncbi.nlm.nih.gov/pubmed/20074458。2018 年 3 月 20 日检索。
17. Miyazaki, *Shinrin-yoku*, p.11.

18. Miyazaki, *Shinrin-yoku*, p.23.
19. Doi, *The Anatomy of Self*, p.159.
20. 1868年，明治维新恢复了天皇对日本的统治。尽管在此之前天皇一直存在，但他们的实际权力和影响力都非常有限。明治维新结束了长达250年的“锁国”时代。“锁国”是一种外交政策，使日本在那250年间几乎完全与外界隔绝。这一时代的结束使日本的政治和社会结构都发生了巨大的变化，同时使日本开始在科学技术方面追赶上了西方。

## 第4章 接受与放手

1. 这位僧侣就是京都春光院副住持全龙大师川上隆史。
2. Ostaseski，*The Five Invitations*, p.116.

## 第5章 重新构建失败

1. 完整的访谈内容见 www.disruptingjapan.com/the-myth-of-the-sucessful-startup-failure-hiroshi-nagashima。
2. 更多关于光之馆的内容可参见 www.hikarinoyakata.com。
3. 数寄屋，也可称为“数寄屋风格”，是日本住宅建筑风格之一，起源于茶室建筑。现在指的是一种设计风格，能体现精致而脱俗的品位，特点是运用天然材料，并以茶室美学为基础。
4. 关于光之馆建筑的更多信息，可参见 Taschen, *Living in Japan*, p.88。

## 第6章 浇灌人际关系

1. 茶道的4个原则，“和、敬、清、寂”，也就是和谐、尊敬、纯净、寂静，由茶道之父千利休提出，传承至今。日本茶道有3个千家流派，即里千家、表千家和武者小路千家。这3个流派分别由千利休的孙子千宗旦的3个儿子创立。英文中所说的茶道在日语中主要有3个词——chanoyu（茶の湯），字面上的意思是“泡茶的热水”，用来表示制茶和上茶的动作；sadō和chadō是日语中“茶道”（茶的方法）一词的两个读音。据里千家流派茶道导师布鲁斯·滨名介绍，如果只知道chanoyu所指代的技巧，并不能使茶道成为一种理解我们自身和世界的方法。他告诉我：“持续的自律和对客人的顾念可以让我们超越对物质的依赖。”他认为这个精神层面的因素是“茶道”的精髓，也就是sadō 或chadō的精髓。

2. 资料来源：www.urasenke.org/characters/index.html。2018年1月15日检索。
3. 全龙大师川上隆史还解释了佛教中“无我”的第二个含义，指“我们的自我对自己的身心并没有终极控制权”。他在解释中以冥想为例指出，在冥想中我们专注于自己的呼吸，然而当我们专注于呼吸后，我们的思想就开始信马由缰。与此类似，全龙大师还表示，“无我”意味着我们无法阻止自己老去。
4. 资料来源：“ Loneliness Connects Us: Young people exploring and experiencing loneliness and friendship ”, 2018 report from Manchester Metropolitan University and 42nd Street, supported by the Coop Foundation。https://mcrmetropolis.uk/wp-content/uploads/Loneliness-Connects-Us.pdf。2018年3月20日检索。
5. 资料来源：https://reliefweb.int/report/world/global-peace-index-2017。2018年3月22日检索。在2017年报告（并列第十）、2015年报告（第八）和2013年报告（第6）中，日本位列前十。2018年3月22日检索。
6. 资料来源：www.telegraph.co.uk/travel/lists/most-peaceful-countries/japan。2018年3月22日检索。
7. 弹珠机是一种游戏厅里的弹球游戏，在日本很流行。每个弹珠机都向多个方向发射出上百个小钢珠，因此，在游戏厅里，所有弹珠机同时工作时发出的声音都震耳欲聋，就像许多平底锅不断地被敲打撞击。

## 第 7 章 享受职业旅程

1. 石见银山被列入联合国教科文组织世界遗产名录（资料来源：https://whc.unesco.org/en/list/1246。2018 年 4 月 9 日检索）。大田参与了联合国教科文组织可持续发展教育（ESD）项目（www.unesco.org/new/en/media-services/single-view/news/big_experiment_in_sustainable_development_education_transfor。2018 年 4 月 9 日检索）。
2. 正如卡洛·佩特里尼（Carlo Petroni）提出的慢食运动（the slow food movement）以有营养的美味食物为基础，“慢衣”（slow clothing）采用的都是在当地以可持续的方式产出的材料，慢衣哲学所提倡的是，我们在购买和穿着衣服时一方面要确保这些衣服可以给日常生活带来意义、价值和愉悦，另一方面又要最大限度地减少它们对环境和社会的负面冲击。
3. 群言堂是一个生活品牌，隶属于登美和她丈夫大吉共同创立的石见银山生活文化研究所（Iwami-Ginzan Lifestyle Research Institute）。可查看 www.gungendo.co.jp 获取更多信息。
4. 参见 www.kurasuyado.jp/takyo-abeke。
5. De Mente, *NTC's Dictionary of Japan's Business Code Words*, p.196.
6. 这项武术最初被称为 jōjutsu（杖术），1940 年改名为 jōdō（杖道），也就是“棍子的方法”，由剑术大师权之助胜吉（Gonnosuke Katsukichi）于 17 世纪初创立。（此处按照英文原文翻译，与中文文献中的普遍表述略有差异，中文文献大多表述为梦想权之助胜吉或梦想权之助创立了神道梦想流杖术。——译者注）
7. Sen, *Nihon no kokoro, tsutaemasu*, p.88.

8. 格拉顿（Gratton）和斯科特（Scott）的《百岁人生》(*The 100-Year Life*）对这一主题的最新证据进行了极好的总结。
9. 资料来源：*Workforce of the future: the competing forces shaping 2030* (PwC report). Available from https://www.pwc.com/gx/en/services/people-organisation/workforce-of-the-future/workforce-of-the-future-the-competing-forces-shaping-2030-pwc.pdf. Retrieved 2 April, 2018。
10. 同上。
11. 风吕敷是传统包装礼物、食品或其他物品时所使用的一种布料。
12. “日々是好日”(nichinichi kore kōnichi）还可以读作 *hibi kore kōjitsu*。

## 第 8 章　珍惜每一刻

1. 资料来源：联合国开发计划署 http://hdr.undp.org/en/69206。2018 年 4 月 6 日检索。
2. 资料来源：日本政府健康、劳动和福利部 www.mhlw.go.jp/file/04-Houdouhappyou-12304250-Roukenkyoku- Koureishashienka/0000177627.pdf。2019 年 4 月 6 日检索。
3. 资料来源：日本政府健康、劳动和福利部 www.mhlw.go.jp/toukei/saikin/hw/l i fe/ckt s10/dl/02.pdf。2019 年 4 月 6 日检索。
4. 资料来源：http://president.jp/articles/-/15634。2018 年 4 月 6 日检索。
5. 资料来源：日本长野政府 www.pref.nagano.lg.jp/kenko-fukushi/kenko/kenko/documents/saisyueiyaku.pdf。2018 年 4 月 6 日检索。
6. 资料来源：www.reuters.com/brandfeatures/venture-capital/ article?id=11480。2018 年 2 月 26 日检索。
7. 资料来源：世界卫生组织 2017 年世界疟疾报告 www.who.int/malaria/publications/world-malaria-report-2017/report/en。2018 年 2 月 18 检索。
8. 由周刊杂志《周刊现代》(*Shūkan Gendai*）在 2017 年 12 月 9 日刊中授予这一称号。

9. 如果希望得到详细的分步指南来让自己的生活更有条理，可以参考我的线上课程《如何让自己开心、从容、有条不紊、保持专注》（*How to be Happy, Calm, Organized and Focused*），详情可参考 www.dowhatyouloveforlife.com。

## 结语

1. 资料来源：Raku (trans. Faulkner and Andō ) *Chawanya*, p.105。
2. 在日本，表达“幸福”的意思时，最常用的词是 shiawase，写作“幸せ”。不过，当这个词以单字“幸”的形式出现时，比如在寺院里的幸运符上，读作 sachi。

# 日本旅行提示

如果这本书令你想去日本旅行，那么我会非常激动。这里有几点提示，可帮助你做好准备。想了解我关于日本旅行目的地及行程活动安排的最新私人推荐，可以登录网站 www.bethkempton.com/japan。不要忘了在照片墙上 @ 我（@bethkempton），这样我就可以看到你有趣的旅行了。

## 如何在日本旅行

- 要敞开心扉，带着开放的心态。
- 在出发之前学几句日语，即使是一句很短的问候也可以有所帮助。认几个简单的字，会使你更有信心。
- 练习使用筷子。
- 尊重当地风俗：进入室内之前先脱鞋，不要在公共场合擤鼻涕，不要随便扔垃圾，不要给小费，不要在大街上吃东西。

- 如果你要去钱汤或温泉，进入浴池前先洗澡。
- 不管何时，尽可能多地与当地人交流。
- 带一些小礼物，以便于你去别人家中拜访。
- 总的来说，日本很安静。请保持低声说话，特别是在寺院、神社和花园里。
- 保持微笑，你正在进行一段有趣的旅行！

## 旅行规划小提示

你可能很想去那些自己曾经听说的地方，不过很多奇妙和神秘之处其实都存在于热门路线之外。如果你不确定应该从哪里入手来规划自己的旅程，那可以尝试先确定一个主题，然后围绕这个主题进行规划。下面的几个主题供你参考。

### 从温泉开始

全日本有上千个温泉，其中很多都在偏僻遥远的小镇或村庄，有的在山脚下，有的则在海边。所有温泉都可以让你收获一段真正的日式生活体验，让你的身体感到愉悦，心灵受到抚慰。你也极有可能受到热情款待，并享受到美味的食物。如果预算充足，选择日式旅馆将使你获得一次美妙的享受；如果预算有限，那么可以选择当地小旅社（minshuku，也就是民宿）或者爱彼迎（Airbnb）。白天去体验温泉而不留宿，通常只需要几百日元。

## 享受美食

日本的每一个县、每一个城市、每一个小镇都有自己的特色，通常都会是一种食物。因此，在日本进行一次美食之旅会非常美妙，你可以在常规路线之外进行探索，发现各式各样的烹饪乐趣。何不挑战自己，去探寻最好的拉面，或是去专程品尝一下某种高山蔬菜？

## 寻找传统手工艺品

去寻找一件自己感兴趣的手工制品吧。这个国家最好的陶器有很多都隐藏在美丽的乡下小城和村庄里，这些地方可以是你徒步旅行时的完美基地，也可以是你单纯欣赏乡村美景的好地方。

## 滑雪 / 单板滑雪

日本有几个世界上最好的雪场，其中的雪道不像欧洲雪场里的雪道那么拥挤。除此之外，这些雪场还提供日式咖喱，还有温泉和冰雪节。可以尝试一下长野（Nagano）、北海道（Hokkaidō），以及位于山形市（Yamagata）和仙台市（Sendai）之间的藏王（Zao）。

### 租个住处

住在传统日式房子里或者选择家庭寄宿都会是很美妙的体验。与其像赶场一样从一个地方到另一个地方，不如考虑在某个地方待上一段时间，去了解这个地方，想象一下如果自己长期生活在这里会是什么样子。

### 展开一次充满魔力的神秘之旅

出发之前给自己买一张日本铁路周游券，然后闭上眼睛，在火车地图上随便一指，就去那里吧，看看你会有什么发现！

## 有用的网站

www.bethkempton.com/japan：我做的免费日本指南。

www.jnto.go.jp/eng：日本政府观光局官网。

www.japan-guide.com：帮助你进行旅行规划。

www.hyperdia.com 或 HyperdiaApp：查询火车时刻表。

www.rometorio.com：帮助你规划任意两个地方之间的旅行。

http://willerexpress.com/en：查询低价长途巴士。

www.co-ba.net：查询共享办公空间。

www.japan-experience.com：帮你找到可租住的可爱日式民宿。

www.airbnb.com：提供可租住的民宿或公寓信息。

nakata.net/rnp：中田英寿在日本旅行 7 年间的日记。在这个宝贵的资源里，中田英寿介绍了许多工匠、清酒酿造厂、手工制品，以及日本各地很多值得一去的美丽的地方。

www.jisho.org：日英翻译网站，这个网站可以用汉字。

waygoapp.com：翻译菜单。

jpninfo.com：帮助你找到很多日本人写的日本旅行指南。

taiken.co：获取最新的游客信息。

www.tofugu.com：这是一个很棒的博客，内容有关日本的一切。

www.japan-talk.com：帮你找到各式各样的迷你旅行指南。

www.japantimes.co.jp/japantoday.com/mainichi.jp/English：查阅每日新闻。

jetprogramme.org：如果你在考虑暂时离开职场或想要寻找新的挑战，那么你可以在这个网站了解日本外语指导等外国青年聘用（JET）项目。

en.air-j.info：日本“艺术家驻留”项目的在线数据库。

## 有用的应用程序

旅行地图、导航：Hyperdia/Navitime/Maps with Me/Tokoyo Subway

Navigation/Japan Taxi。

美食：Gurunavi。

日语词典：Imiwa/Yomiwa。

其他：Yurekuru Call（获取地震信息）/ Line（即时通信）/ XE Currency Converter/72 Seasons。